地域自給のネットワーク

井口隆史・桝潟俊子
編著

有機農業選書 5
コモンズ

本書で扱った取り組みが行われている島根県の地域

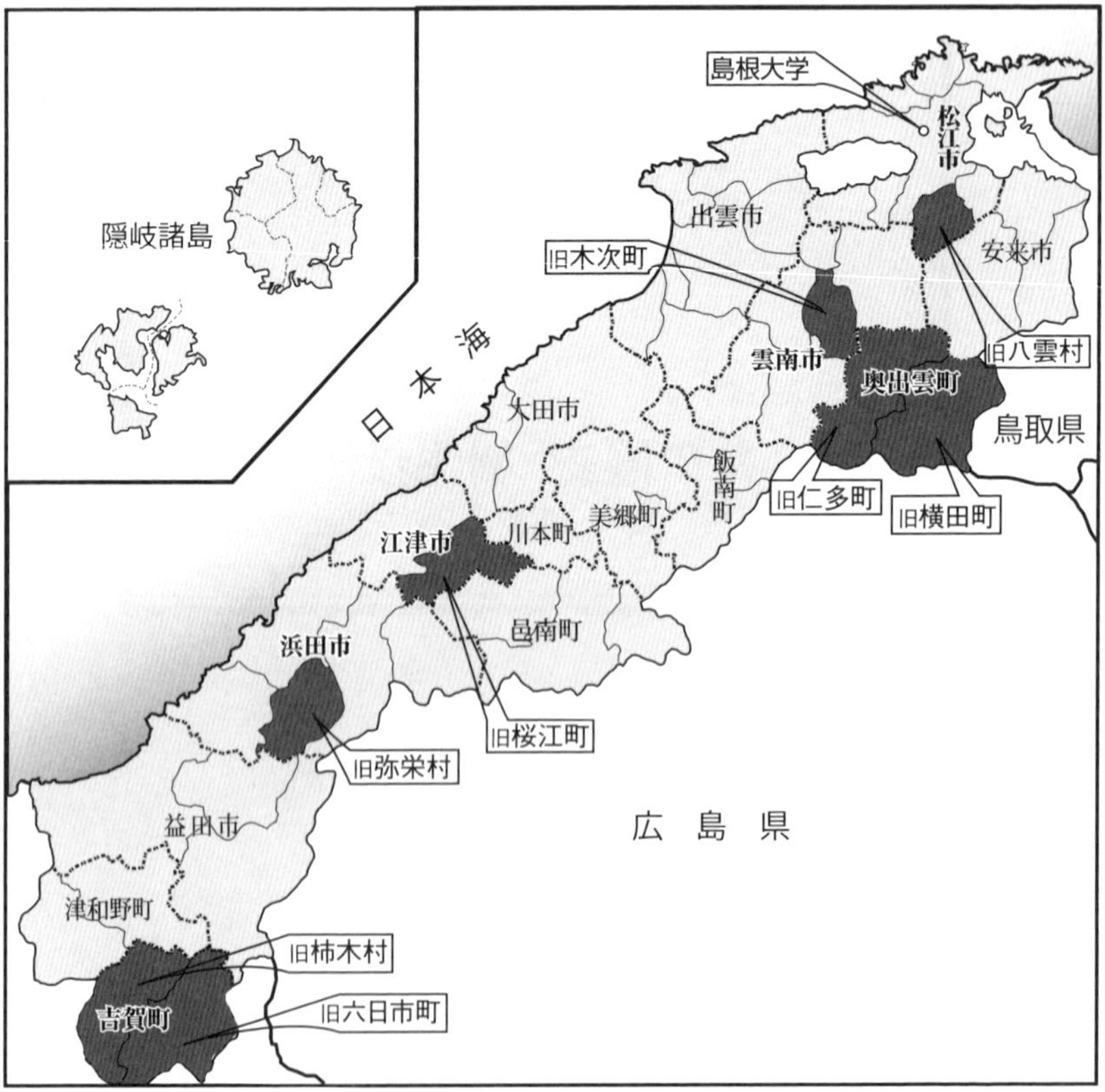

地域自給のネットワーク●もくじ

序章　改めて地域自給を考える

桝潟俊子

1　農山村における生存・生活基盤の危機

東日本大震災が起きた二〇一一年三月一一日午後二時四六分、本書刊行のきっかけとなった日本有機農業学会の公開フォーラムの企画打ち合わせ、実行委員会の立ち上げが、「食の杜《もり》」（島根県雲南《うんなん》市木次《きすき》町寺領《じりょう》）で行われていた。東日本では過酷で悲惨な事態が進行していたわけだが、食の杜には穏やかな春の陽光がふりそそぎ、自然と共生する豊穣な農の世界が厳然と存在していた。

多くの人命を奪い、営々と築いてきた在地の暮らしと文化を根こそぎ破壊して流してしまった地震と津波。それに追い打ちをかけた東京電力福島第一原子力発電所事故による原発災害。チェルノブイリを上回るといわれる膨大な放射性物質の流出や拡散による大地と大気と水の汚染は、とくに自然の恵みを活かして営む第一次産業に大きなダメージを与えた。とりわけ、地域資源循環型技術であり、「自給」を原点とする有機農業や農の営みへの打撃は深刻である。原発事故はその根幹を突き崩し、地産地消や食料・エネルギーの地域自給の推進に向けた各地の実践を頓挫させた。

風雨による飛散や廃水・水系への流出など、福島第一原発からの放射性物質の拡散はいまも続いている。福島県を中心に東北・関東地方の広大な土地が、放射線管理区域（放射線の不必要な被曝を防ぐため、放射線量が一定以上ある場所を明確に区域し、人の不必要な立ち入りを防止するために設けられる区域）の基準値（一㎡あたり四万ベクレル）を超えて汚染された。

この基準値以上のものは何であれ放射線管理区域の外には持ち出してはいけないというのが、これまでの法律（「原子炉等規制法」、正式には「核原料物質、核燃料物質及び原子炉の規制に関する法律」）である。さらに、公衆の被曝限度は一年間一ミリシーベルトと定められている[1]。だが、原発事故から二年経過した現在も、子どもを含めておそらく一〇〇万人近くが年間一ミリシーベルト以上被曝しながら汚染地での生活を余儀なくされている。

また、「一時帰宅」や「居住可能」な年間放射線被曝限度量の基準を二〇ミリシーベルトとして、二〇一二年四月一日以降、警戒区域や計画的避難区域の再編が行われてきた。その結果、年間二〇〜五〇ミリシーベルト未満の「居住制限区域」の場合、「一時帰宅可能で、除染で線量が下がれば帰還可能」、年間二〇ミリシーベルト未満の区域の場合、除染や都市基盤復旧、雇用対策などの生活環境が整えば「避難指示が順次解除」されていくことになった。

しかし、年間二〇ミリシーベルトは放射線を扱うことを仕事にしている人の被曝限度量であり、そこで生活すればさらに内部被曝が加わる。そもそも、放射線被曝にはこれ以下の線量ならば大丈夫という「閾値《しきいち》」はない。そうした区域は、はたして「一時帰宅」や「居住可能」なのであろうか。

人口が過度に集中している大都市圏で必要な電力をまかなうため、原子力発電所は僻地の農漁村に建設される。中国地方にも中国電力島根原子力発電所（島根県松江市）がある。人の知恵と技術ではコントロールができない原発の事故が起これば、周辺地域は今回のような取り返しのつかない悲惨な事態を招くリスクをかかえているのである。福島第一原発事故による不条理で悲惨な経験は、こうした都市と農山漁村の関係を白日のもとにさらした。そして、福島で起きたことは「原発列島」と化した日本のどこでも起こりうるのである。

他方、日本の農村、とくに中山間地域は高齢化と過疎が進行し、耕作放棄地が増えている。グローバル化した経済システムに組み込まれ、農山村の自給的生存・生活の基盤を掘り崩しながら、日本そのものが高齢化と人口減少社会に向かいつつある。さらに、「平成の開国」と称して進められているTPP（Trans-Pacific Strategic Economic Partnership Agreement、環太平洋戦略的経済連携協定）への参加問題が農山村を襲っている。

TPPは、二〇一五年までに工業製品、農産物、金融サービスなどすべての商品について関税その他の貿易障壁を実質的に撤廃して、環太平洋全域にわたって究極的な貿易自由化の実現を目指す、事実上アメリカが主導して日本政府に参加を強要する自由貿易協定である。こうした自由貿易協定への参加は、とりわけ条件不利地域や中山間地域の農業や農の営みに壊滅的な打撃を与える。地域自給（地産地消の仕組み）はもとより、農山村や農がもつコモンズや人格形成機能、文化などの消滅にもつながっていくことは火を見るよりも明らかである。

2　地域自給の現代的意義

農山村の再生は都市の課題

日本では高度成長期以降、商品経済が農山村の末端まで浸透し、生産性と収益力の向上が最優先される工業の論理が農林漁業にまで拡大した。それはまた、農林漁業の基盤である大地や環境を汚染し破壊していく過程でもある。そうした生命系への負荷を食い止めようと、一九七〇年前後から各地で自然発生的に有機農業運動への意識的取り組みが始まった。

有機農業運動は当初、〈安全な〉農畜産物を作り食べるという地平から出発する。そして、「農業や生活のあり方をより主体的に、かつ構造的に捉えるという実践的思考回路を経て、食糧やエネルギーの自給的な循環的生産体系をどのように組み立て直していけば永続的生存の条件を確保することができるのか、というより包括的視点を獲得し、その実践的探究へと向か」[2]う。

一九七〇年代における〈提携〉を軸とする有機農業運動の調査研究過程をとおして、一九八〇年代初め、筆者らは、地域の更新性を支える地域自給経済の問題が今後重要な実践的課題となるであろうという予感を含む問題意識をもつに至る。(3) 地域自給経済のあり方を未来に向けて再構想していくという作業にあたって、われわれは、「農山村の再生は都市の課題」という視点を基本にアプローチした。

「都市は農山漁村に優越する存在ではなく、農山漁村の自給力に依拠してはじめて存在しうるのだ、という認識が出発点にあった。過密都市住民の生きのびる方法を、生活の基礎的部分（食糧や生活・生産資材）を地域外に依存せざるをえない都市のなかで自己完結的に見い出すことは不可能だからである。都市は基本的に〈フロー〉の経済によって成立しているが、長期的には農山漁村の〈ストック〉の経済に支えられることなしには成立しえない。したがって、都市の成立条件は農山漁村の〈ストック〉形成力（自給力）、より具体的にいえば、農地や山林や河川や海の更新性（エコシステム）の保全にあるといっても過言ではない。

ところが、あたかも〈ストック〉は無限にあり、金を出せば手に入り、その〈フロー〉量こそ国の富だという想定に立った高度経済成長は、国際分業、海外の第一次産業への依存を深めるなかで、海外の〈ストック〉経済の収奪や破壊（砂漠化）をもたらしながら、同時に国内の農山漁村の〈ストック〉形成力の基盤を弱めてきた。したがって、農山漁村の自給力の基礎は何であり、人間の社会関係としての経済行為はそれとどのようにかかわってきたのか、そして、それをどのように再生していったらよいのか、という課題がわれわれの主要な研究関心事であった[4]」

「都市に人間が集積するのは効率的な経済活動を可能にするからである。だが、都市への人口の過度の集中は、都市の生活環境の悪化をまねいた。たとえば、都市周辺に残されていた田畑や雑木林はつぶされて宅地となり、都市農業は衰微し、都市はますますその物質消費力を増幅させてきた。その結果、都市地域における食べものの地場生産・地場消費は崩れていった[5]」

だから、たとえば「食料自給」という問題にしても、農山漁村の自給力をどれだけ高められるかに、都市の食べものの今後がかかっている。それは、都市生活者の側が「農山漁村の地域の問題をどれだけ視野に入れられるか、海や山との関係を含めて農業を視野に入れられるか、そして、商品の売買の関係をどれだけ乗り超えられるか、といった都市生活者自らの食べ方や生き方の変革が求められるということなのである[6]」。専作化したフロー型農業からどれだけ本来の農業らしい農業、地域に根ざした生活へと変革できるかどうかの一つの重要な鍵は、自給的複合経営の多種多様な生産物の価値を理解し、生産者の〈農〉に向き合う姿勢や生き方を支持する自覚的な消費者の存在である。

そうした消費者との〈提携〉という強い結びつき・ネットワークのもとで、生産者もまた、自給畑を復活させ、地域の山や海がもつ豊かな自給力を引き出す技術や知恵を見直し、農畜産物の保存・加工方法を工夫し、フロー依存型の生活からの脱却を試みるようになる。そして、消費者も、安全な食べものは、単に農薬や化学肥料、飼料添加物を使わないだけでなく、堆厩肥の自給や土づくり、飼料の自給や飼い方、作付けや労働力の配分などを含めた農業経営全体の組み立てとのかかわりで作られる、ということが見えてくる。そこでは、地域自給と〈提携〉のネットワークに支えられた〈自給圏〉が広がっていく。

奥出雲地域の有機農業運動から

島根県の農山村は、過疎（人口減少）と高齢化では、日本の最先端を歩んでいる。本書では、過疎の先進地域といわれる島根県の中山間部において積み重ねられてきた、地域資源を活用した有機農業を基軸とする持続的な農の営み・実践を、改めて地域自給の視点から問い直し、その位置づけと意義を確認する作業を行った。それは、震災と原発事故に見舞われた被災地も含めて、農山村の内発的・持続的な地域再生の方途をたぐり寄せることにつながると確信する。

われわれは一九八〇年代前半、奥出雲の地で山と深くかかわる農の営みの奥深さと豊かさをはじめて実感した。そして、そこに、自給を基盤とする暮らし（それは食べものから生産資材、エネルギーにいたるまで地域資源・資材を循環利用してまかなう暮らし方）と小規模複合経営のなかに、「自立した地域のあり方」を見出したのである。中国山地の山懐深く抱かれた山村自給農の世界は、戦後の高度成長期をくぐり抜け、食べものの安全性や健康への不安から共同購入を始めた都市住民と結びつき、〈提携〉のネットワークを紡ぎだしていた。

奥出雲地域では、農業基本法が制定された一九六一年ごろに早くも化学肥料や農薬の害に気づいた酪農家たちによって、有機農業運動への取り組みが始まっている（第1章参照）。木次有機農業研究会は一九七〇年代初頭から、木次乳業を拠点として、自給飼料を基本にした乳牛飼養を核とする有畜複合小農経営を行う酪農家を徐々に増やして組織化を進めた。そして、「少人数の百姓の共同体」である木次乳業は、酪農家を組合員とする共同処理施設として、地元の学校給食や消費者グループへの直接販売ルートを開拓しつつ、パスチャライズ（低温殺菌）牛乳やナチュラルチーズ、エメンタールチーズ、乳蜜、スーパー・プレミアム・アイスクリームなどを次々に開発していく。

さらに、斐伊《ひい》川流域には、酪農家や有機農家、食品製造・加工を生業とする事業体（企業）が「自立した個」として簇生《ぞくせい》し、ゆるやかに連携して、「地域自給」「地域自立」に向けた営みを展開している。そこには、自給を視野に入れ、地域資源を活かした有畜複合の有機農業（循環農業）を基軸に形成された「自立した個のゆるやかなネットワーク」に基づく地域の自治力と持続力が培われていた。

「自給・自立する個」と都市住民とのあいだには、「生命共同体的関係性」（血縁・地縁関係ではなく、身体性をそなえた他者同士による、他者の生／生命への配慮・関心によって形成・維持される関係性）が紡ぎだされ、そうしたつながりは持続可能な地域社会の形成へとつながっていく。そこでは〈提携〉のネットワークが社会的共同性をもった時空間を形成し、産業主義（生産力主義）のシステムに対抗する「生活世界」に、「生命共同体」ともいうべき「親密圏」が形成されつ

つある。(7)

広がる地域自給のネットワーク

過疎と高齢化に悩む中山間地が大半を占める島根県では、奥出雲地域以外でも、地域の自立と再生の基軸となる地域資源循環型(自然共生型)の有機農業・自給農業への取り組みによって山村の豊かさを取り戻し、地域の活性化・自立が図られている。

旧柿木村《かきのきむら》(現・吉賀町《よしかちょう》)では、第一次オイルショックを契機に自給をベースとした有機農業の取り組みが始まり、一九八一年に柿木村有機農業研究会が発足した。農地や里山を有効に活用し、自給を優先した有機農業による小規模複合経営を推進し、消費者との提携や都市との共生・共存のなかで、農業・農村の「あるべき姿」と実現の道筋を探り当てようとしている。自給する農家と消費者との交流・提携は、山口県岩国市、徳山市(現・周南市《しゅうなん》)、島根県益田市の消費者グループや学校給食、生協、スーパーへと拡大した(第4章)。

また、山村移住の先進地である旧弥栄村《やさか》(現・浜田市弥栄町)には、一九七〇年代初頭に四名の若者が山陽方面から移住し、「弥栄之郷共同体」(のちに「やさか共同農場」)を拓く。それが発端となり、小規模農家の野菜集荷販売を経て、地場産味噌の製造販売を開始し、生協運動などと連携して経営を伸ばし、村内有数の事業所に成長した。共同農場は、「村最大の雇用を生む事業所として地歩を固め、就農インキュベーターの役割」を果たしている。都市の若者によって播かれた有機農業の種は、不利な農産物の販売条件を克服するため、ビニールハウスを活用した軟弱野菜の施設栽培や水稲の無農薬栽培、兼業就農研修と連動した「やさか有機の学校」の展開、そして山村自給農の継承へと向かいつつある（第2章）。

　このほか、弥栄には多くの小規模自給農家が存在する。自家消費や他出子や近隣へのおすそ分けをベースに、意識的に、あるいは山村の暮らしに「埋め込まれた」かたちで実践され、自給を基礎とした山里の暮らしを支えてきた。こうした自生的で内発的な農業のあり方は、第2章において山間農業に活路を見出すために農家が生み出したものであるという認識のもと、「ふだんぎの有機農業」と位置づけられている。それは、生産技術だけでなく、生産物の消費や交換の仕方も含めた農業の概念として提起されたものである。そこでは、お金だけではなく「やりがい」や「喜び」といった象徴的な価値が野菜と交換され、自助と共助を兼ね備えた「原型的な農業」「本来の農業」のあり方が可視化されている。

　「酪農農家」の共同体である木次乳業を拠点に有機農業運動が起きたころ、軌を一にして、旧柿木村や旧弥栄村においても有機農業による自給運動や移住した都市の若者による伝統食（「やさか味噌」）の商品化、都市住民との提携などの取り組みが始まった。こうした島根県内各地の取り組みがベースとなり、有機農業の普及・推進活動、山村自給農や兼業農業の意識的な継承、新規就農支援などが、行政機関やJA、在村農家、それに移住就農者や都市住民も連携して広がりをみせているのである（第3章・第4章・第Ⅲ部）。

3　原発被災地での農の営み

被災地・福島の農山村の復興・再建なくして、日本の農山村の再生はない。福島をいかに建て直すことができるかが問われている。だが、現在、進められている「除染」や復興事業は、果たして持続性のある地域の復興・再建につながるのか、はなはだ疑問を感じざるをえない。

放射性物質による汚染の広がりという事態をうけ、食べものの「安全」を担保するために、堆肥から化学肥料へ、自給飼料から人工飼料・輸入飼料へと、開放型・資源循環型技術が規制され、閉鎖型・外部資源投入型技術への転換が、なかば強制的に進められている。また、放射能汚染を回避するために、自然から離脱した閉鎖型・外部資源投入型技術への転換(たとえば、植物工場はその典型)が図られている。(8) しかし、それらは持続性・永続性のない技術である。

人は大地と自然に深く根ざして生きてきた。だからこそ、悔しく悲しいことだが、土壌が高濃度に汚染されている地域において、農の営みは短期間で再開・復旧できないであろう。空間放射線量が年間二〇ミリシーベルトを超える高濃度汚染地域では、他地域への避難や移住、あるいは営農の中断もやむを得ないだろう。

空間放射線量が年間一ミリシーベルト程度であっても、農業者の被曝を考えると、できれば営農は避けたい。だが、こうした中濃度汚染地域で、「生命と物質の循環」を基本原理とする農の営みの根幹を放射能に冒されながらも、自然に寄り添い大地に根ざして暮らしたいと思う住民が主体となって、里山の再生や有機農業に取り組む動きが生まれている。

二本松市東和地区の農民・菅野正寿さんは、福島原発から約五〇キロ圏内で「原子力の暴走」という不条理に見舞われた。それでも、原発事故の一カ月後には「種を播き、耕す」という農の営みを再開する。そして、放射能の作物への移行を阻み、汚染を回避できる確かな方法は、表土を剥ぎ取って「除染」するのではなく、土と堆肥の力（粘土質と有機質の複合体の力）で放射性セシウムを土中に埋め込んで農作物に移行させない低減技術であることを、自らの実践をとおして実証した。これは、長年にわたって先人たちが培ってきた農民的技術であり、「粘土質と堆肥と有機質を活用した有機農業と地域営農」(9)のなかに、「除染」の方法があったのである。

今後、山からの汚染の移行も考えられる。放射能で汚染された堆肥の施用や用水の問題など、油断はできない。しかし、このことはまた、循環農業（有機農業）が成り立たなければ人はその地で持続的・永続的に生活し続けられないという厳然とした事実を、私たちにつきつけている。

菅野さんは先祖から代々受け継いできた阿武隈《あぶくま》山系の山村に生きることを主体的に選択し、営農を続けてきた。とはいえ、二〇一二年の稲刈り後の四〇枚ある田んぼの空間放射線量は〇・五～〇・七マイクロシーベルト。山に行くと、〇・八～〇・九マイクロシーベルトに上がる。「そういうところで農業をやっているのは、どうなのか」と、不安がよぎる。大学を卒業して二〇一〇年から一緒に農業をしている二四歳になる娘さんのことが一番心配だという。「放射線量が一定の基準以上である地域で生活する被災者の医療や、子どもの就学の援助や食の安全・安心などの支援」がすみやかに行われるのが、切なる願いである。(10)

いうまでもなく、放射能汚染の原因は有機農業ではない。にもかかわらず、堆肥を使用する有機農産物は「放射能に汚染された食べもの」とみなされ、市場から排除されようとしている。放射性物質を被曝しながらも、大地を耕し農の営みを続ける生産者を、「加害者」呼ばわりする消費者。放射性物質の被曝には閾値がないからリスク判断は難しいが、土壌の汚染が比較的低い地域で大地を耕し続ける農家が「加害者」扱いされるような事態を回避する方途や適切な対策がとられていない。また、空間放射線量や田畑の土壌汚染の測定、収穫物や食事の測定、そして測定結果の解析と公表が、十全に実施されていない。

そうしたなかで、生産者と消費者は分断されていった。たとえ農薬や化学肥料が使用されていても、放射能に汚染されていないと思われる西日本産や外国産の農産物への選好が強まっている。地産地消が失われ、有機農産物あるいは放射線量が限りなくゼロに近い農産物であっても、地元の学校給食への供給が閉ざされた。安全にこだわる消費者ほど、被災地の農作物による内部被曝への不安を強くしている。

さらに、避難を強いられたり、立ち入りや居住の制限によって、被災地の地域・コミュニティが崩壊し、自治や協働の基盤となるつながりやネットワークがこわれた。住宅やインフラだけではない。地域の生産や生活を支えていた共同体やコミュニティがこわされ、「故郷」や「生きられた空間」(自分がそこにいると実感できる、生き生きとしていられる、他者や自然とのつながりを感じられる場所)が失われた。

復興対策や地域振興は、被災者や住民の主体性の確立を基本にして進められることが大切だ。自立的・持続的な地域の復興・再生をいかに図るか、いかに地域を立て直すか、いかに他者や自然とつながる力を取り戻すか。その方途を探ることがいま、被災地では求められている。

福島では震災と放射能汚染によって、収穫物への不信や差別、「風評被害」の増幅、生産者と消費者との分断、そして地域自治や自立の基盤となるつながりやネットワークの崩壊が、否応なく歴然としてしまった。だが、震災や原発災害に見舞われなくても、高度成長期以降、多くの農山村では大規模・集約型農業への転換指向が強まり、主産地形成にともなう専作化と選択的拡大が進み、生産者(農村)と消費者(都市)は分断された。雇用労働との兼業や都市化が進行するなかで、相互扶助的な労働慣行や制度はこわれ、生産と生活の基盤であった集落共同体や地域・コミュニティにおけるつながりは弱体化していく。

被災地ではそこに災害が追い打ちをかけたが、農山村の復興・再生にとって、人(とくに都市)とのつながりやネットワークは大きな力をもつ。また、それを力にしていくことが大切である。

4　土と自然、人につながり、ネットワークのもとで生きる

社会の大きな転換過程における不安感やリスク感、日常的な暮らし方への反省や疑問、新しい生き方やライフスタイルへの願望や期待の入り交じった混沌のなかで、「自分と家族の生命／生活の安全・安定」を願う消費者は、他方で風評に左右されて被災地の農産物の受け入れを拒んだり、がれきの受け入れを拒絶する自治体住民にもなりうる。

「生き延びるために、人びとは、自分と家族の安全／安定という私的価値を優先させる。それは、時代を構成する多くの人びとの生存の原理といってよい[11]」

震災・原発事故から二回目の秋を迎え、福島県では収穫した玄米の全量全袋(約一〇三〇万袋)検査を行った。その九九・八％は放射性セシウムが二五ベクレル以下だったが、首都圏の店頭には福島県産米は並んでいない。

「一種の選別と差別的状況が続いている」のである。放射能不検出の野菜であっても、平均単価は四割減という。樹園地(おもに梨、柿、梅)の栽培面積は二〇〇ha以上も減少し、水田は一万ha以上が耕作放棄(実質的には断念)されている[12]。こうした事態を招いた背景に、「風評」や検査体制への不信があることは確かだが、内部被曝のリスクがゼロではない福島産農産物を少なくとも子どもたちには食べさせたくないと考える人びとの、「自分や家族の暮らしを守る」という

「自己への配慮」があることを見逃してはならない。

しかし同時に、「自己」の視点へのこだわりは、「一見、『視野を狭めるようにみえながら』、そこで回復されてくる「他者〃にとっての〃痛み」に対する感覚や想像力はゆっくりと迂回路をとりながら、『他者の生／生命への配慮や関心』につながり、隣り合って生きる他者との協同行為の過程で公共的価値に結び付いていく可能性をもっている」(13)。ここに、歴史を動かす力への一筋の希望をつなぎたい。家族や地域の暮らしを基盤に、暮らし方や生き方を意識化して見直すことで、共同性・公共性への回路を探り当てようとしているのだから。

食品の放射能汚染に対する不安、あるいは有害かどうかは、確率的にしか示すことができない。自分で情報を集め、学習し、それぞれ自己決定するしかない。実際、政府や専門家に安全・安心を委ねるのではなく、リスクを自己判断で選択していく人びとが登場し始めている。ただし、原発災害にともなう放射能汚染については、リスクコミュニケーションの重要性以前の問題、とくに測定・検査体制の不全、あるいはリスク情報の非対称性(線量測定データの秘匿・隠蔽)などが、リスクを自己判断で選択していく人びとに立ちはだかる大きな障害である。

そうした状況のもとで、有機農業運動をとおして紡ぎだされた〈提携〉という関係性がもつ意義が大きくクローズアップされてくる。生産者と消費者相互の信頼関係を土台にした「顔のみえる関係」で結びついているので、誰がどのような作り方をしたか確かめられるからである。こうした関係性のもとでは、放射能汚染を含む栽培方法に関わるデータは確実に知ることができるから、自らのリスク判断による選択ができる。また、少なくとも「産地偽装」や「風評」、検査・測定漏れなどによる内部被曝は回避できる。

人間と人間のつながりの回復への模索、そこには共同性の創造への志向がある。「地域自給」の視野をもった「個」の生産や暮らしのなかにも、身体を介した自然や他者との関係・つながりが紡ぎだされている。そして、それゆえに「個」の関与と責任を実感できるのである。「自給的暮らし」「地域自給」は、隣り合って生きる他者や地域の人びと、自然とのつながり、〈提携〉する消費者とのネットワーク（生命共同体的関係性）によって創りだされている。

自給にこだわり、会津の山村で就農した浅見彰宏は、喜多方《きたかた》市山都《やまと》町早稲谷《わせだに》での暮らしをとおして自給の本当の意味を次のように感じとっている。

「自給とは、自分の衣食住を自分の手足で調達することだけではありません。山村という自然の厳しい環境で暮らしてみれば、ひとりの力がいかに小さいか実感できます。どんなに体力に自信があって、一日中這いつくばったところで、田んぼの草を完全には抑え込めません。それどころか、田畑に至る長い農道の管理もできません。だから、自給とはすべてを自力でまかなうことではなく、地域の多くの人とつながり、土や自然とつながって、行動をともにしていくことなのです[14]」

グローバル化の流れに抗して、「ローカルな場で他者との関係のなかで個として確かな生を取り戻すための、また個としての生活の充足を支える他者との関係づくりに向けての試み」が厚みを増していくとき、現代社会がかかえている課題や、向かうべき社会の方向性を逆照射する可能性が秘められているといえよう。「それは、個人を自明の単位としてとらえ常に個人から出発し個人へと回帰していく自己完結型の、あるいは（中略）禁欲的で市民的責任感に裏付けられた強い個人という西欧近代がめざしてきた個人主義の方向とは異なっている」[15]。

地域自給の実践をとおして育まれているのは、土や自然とつながり、多くの人とのつながり・ネットワーク（「生命共同体的関係性」）を形成して、共に分かち合って生きる自立した「個」なのである。そうしたつながりが張りめぐらされていくとき、脱原発社会への道がみえてくるのではないか。

筆者はかつて、都市に彷彿と現れた有機農業生産者との提携運動にかかわる生活者のなかに、脱石油文明への秘められた可能性を見い出した[16]。いまこそ、土や自然とつながる自給を基礎とした農の営み（「ふだんぎの有機農業」）を継承しうる仕組み（地域自給）が生きている地域の再生・復興が求められているのである。

（1）「放射性同位元素等による放射線障害の防止に関する法律」、同施行令および同施行規則に基づき、「放射線を放出する同位元素の数量等を定める件」の第14条4項で、公衆の被曝限度は年間一ミリシーベルトと定められている。また、ＩＣＲＰ（国際放射線防護委員会）は一九九〇年に一般公衆の線量限度を年間一ミリシーベルトと勧告した。なお、年間一ミリシーベルトは時間に換算すると毎時

○・二三マイクロシーベルトとなる。

（2）多辺田政弘「地域自給の現在的意義」国民生活センター編『地域自給と農の論理――生存のための社会経済学』学陽書房、一九八六年、二一〜三二ページ。

（3）多辺田政弘（元専修大学）と筆者は、政府関係機関（国民生活センター調査研究部）で、一九七七〜八一年度にかけて、日本の有機農業運動の過去・現在・未来を考察するために共同研究を行い、その成果を国民生活センター編『日本の有機農業運動』（日本経済評論社、一九八一年）として公表した。この四年間にわたる有機農業運動研究をとおして、「地域自給経済」への着目という筆者らの問題意識が芽生えたのである。

（4）前掲（2）、三〜四ページ。

（5）桝潟俊子「農山漁村の再生は都市の課題――提携の役割」前掲（2）、三七二ページ。

（6）前掲（5）、三七九ページ。

（7）桝潟俊子『有機農業運動と〈提携〉のネットワーク』新曜社、二〇〇八年、二一ページ、二八九ページ。

（8）「実際のところ、住宅汚染の多くが大手ゼネコン主導で進められている。南相馬市においては農地の除染（深耕・ゼオライト散布・カリ肥料散布）までもが大手ゼネコンに委託するという。復興という名のもとに、大規模整備や大型施設ハウス、メガソーラー、植物工場など大手企業中心の復興が進められようとしている」（菅野正寿「農の力と市民の力による持続可能な共生の時代へ――それでも希望の種を播く」ＣＳＯネットワーク編『持続可能な社会をつくる共生の時代へ――農の力と市民の力による地域づくり』二〇一三年、二四ページ）。

（9）菅野正寿「耕してこそ農民――ゆうきの里の復興」菅野正寿・長谷川浩編『放射能に克つ農の営み――ふくしまから希望の復興へ』コモンズ、二〇一二年、四九・五〇ページ、五三ページ。
（10）菅野正寿「福島の現状と農民の想い」小出裕章・明峯哲夫・中島紀一・菅野正寿『原発事故と農の復興――避難すれば、それですむのか⁉』コモンズ、二〇一三年、一四ページ。
（11）天野正子『現代「生活者」論――つながる力を育てる社会へ』有志舎、二〇一二年、ii～iiiページ。
（12）福島県有機農業ネットワーク「ふくしま有機ネットから、『福島の奇跡』と年末の支援の訴え」二〇一二年。
（13）前掲（11）、iiiページ。
（14）浅見彰宏『ぼくが百姓になった理由――山村でめざす自給知足』コモンズ、二〇一二年、三一四ページ。
（15）前掲（11）、四〇ページ。
（16）桝潟俊子「石油文明から自立する都市生活者たち――有機農業生産者との提携運動のなかで」『思想の科学』一一四号、一九八〇年、五八～六四ページ。

第Ⅰ部
中山間地の地域自給の実践と成果

森林を伐り透かし、斜面に放牧する山地酪農（島根県雲南市木次町）
〈写真提供：木次乳業〉

第1章　木次乳業を拠点とする流域自給圏の形成

井口隆史

1　生き字引・佐藤忠吉

斐伊《ひい》川流域の自給を目指す有機農業運動は、木次《きすき》乳業有限会社（以下「木次乳業」）を拠点とする雲南《うんなん》市（木次町を含む六町村が二〇〇四年一一月に合併）から奥出雲町にかけての組織である木次有機農業研究会（最盛期の会員数約八〇人）と、そこに所属する酪農家群の活動によって代表される。とりわけ、一九九〇年代初めまでは、佐藤忠吉《ちゅうきち》（木次乳業創業者、現相談役、一九二〇年生まれ）とともにこの地の風土に合った小規模複合農業とその一部門としての酪農のあるべき姿を模索した大坂貞利《さだとし》（故人）が、中心的な役割を果たした。

木次乳業は有限会社という名称になっているが、生乳を出荷する酪農家の一人である大坂貞利（以下「大坂」）が、「少人数の百姓の共同体」であると表現したように、実質は酪農家を組合員とする共同処理施設だといえる。社長を長く務めた佐藤忠吉（以下「忠吉」）も出荷する酪農家の一人である。

大坂は、一九七二年に木次有機農業研究会が結成されるまでは忠吉と二人で、結成以降は研究会の生産者グループのリーダーとして、有機農業運動を推進した。一九九三年に亡くなるまで、忠吉と一心同体の同志として、また地域の酪農家の代表として、酪農家たちを率いて八面六臂の活躍をしている(四〇ページ表1―2参照)。さらに、近年における雲南市の有機農業と地域自給のシンボルとしての「食の杜《もり》」と室山農園の設立に尽くした二人の田中(元木次町長・田中豊繁と前室山農園代表・田中利男)の役割も重要である。

しかし、酪農を中心とするこの地域の戦後史を現在まで通して中心的に担ってきたのは、忠吉のみである。その意味で忠吉は、この地の戦前の農村を知り、戦後の木次を中心とする有機農業の歴史とともに生きてきた、文字どおりの生き字引とも言える存在である。したがって、この章は、忠吉の足跡を中心にたどることになる。

以下では、斐伊川流域の中流に位置する旧木次町(雲南市木次町、以下「木次町」)を中心に、第二次世界大戦後、細々とした酪農への取り組みが始まった段階から、生産・加工・流通・消費にわたって流域を基本とする斐伊川流域自給圏の形成に至る現在までの約六〇年間を、四つの時期に区分して明らかにする。各時期の特徴を整理すると表1―1のとおりである。そして最後に、流域自給圏のさらなる進化に向けた課題についてまとめておきたい。

形成過程の時期区分

	処理・加工			流通・販売	自給範囲	その他
生産物５	生乳生産・供給量	生乳処理・加工主体	殺菌温度	おもな販売先		
	200ℓ/日⇒400ℓ/日	木次牛乳・木次乳業㈲	成分無調整120℃/2秒	木次町内に限定	経営内、地元町内	農薬・化学肥料問題への覚醒(近代農法から有機農業へ)
	1000ℓ/日⇒2000ℓ/日	木次乳業㈲	78℃/15分 65℃/30分 120℃/2秒	斐伊川中・上流全域、斐伊川流域下流諸都市	経営内、地元町内、流域内都市、京阪神都市の消費者グループ	成分無調整超高温殺菌⇒パスチャライズ牛乳の開発と供給
	4500ℓ/日⇒8000ℓ/日	木次乳業㈲、木次町酪農生産組合、JA雲南	63℃/30分 72℃/15秒 120℃/2秒	斐伊川中・上流全域、斐伊川流域下流諸都市、全国	経営内、地元町村、流域内都市、京阪神都市の消費者グループ、その他関東以西の都市消費者グループ	新工場の完成と「木次に集う会」、日登牧場(山地酪農)
その他の乳製品(プリン)	19000ℓ/日	木次乳業㈲、木次町酪農生産組合、JA雲南	63℃/30分 72℃/15秒 120℃/2秒	斐伊川中・上流全域、斐伊川流域下流諸都市、全国	経営内、地元町村、流域内都市、京阪神都市の消費者グループ、その他関東以西の都市消費者グループ	日登牧場(山地酪農)、直営野草採草場・水田裏作による牧草生産・利用
杜のパン屋 国産小麦による各種パンの生産・加工				食の杜内(生産・加工・直売)、斐伊川流域内(流通・販売)	食の杜内、斐伊川流域内が基本	室山農園の宿泊・研修施設(茅葺きの家・瓦葺きの家)と研修棟、ワイナリー・レストラン、地下展示ギャラリー、杜パンカフェ

酪農牛乳、ブラウンスイス牛乳、ミルクコーヒー、カフェオレ。
プロボローネチーズ、ナチュラルスナッカー、モッツァレラ、プロボローネピッコロ。
グルトりんご、のむヨーグルトぶどう。

表1−1 斐伊川流域自給圏

時期区分		特徴	中心的担い手	生産			
				生産物1	生産物2	生産物3	生産物4
第1期	1953〜1971年	木次町内の小規模酪農複合経営の形成と有機農業への試行錯誤	木次町内の酪農家	牛乳のみ			
第2期	1972〜1981年	木次有機農業研究会の結成と風土に根ざした地域自給思想の確立	木次有機農業研究会の酪農家（木次町中心）	牛乳のみ			
第3期	1982〜1996年	産消提携運動の拡大・深化とモノカルチャー化への対応	木次有機農業研究会の酪農家（斐伊川中・上流全域）	牛乳各種	ナチュラルチーズ各種	ヨーグルト各種	スーパー・プレミアム・アイスクリーム（1995年〜）
第4期	1997〜2012年	有機農業と流域自給・自立のシンボルとしての「食の杜」づくり	木次有機農業研究会の酪農家（斐伊川中・上流全域）	牛乳各種※1	ナチュラルチーズ各種※2	ヨーグルト各種※3	スーパー・プレミアム・アイスクリーム
			食の杜	室山農園	奥出雲葡萄園	大石葡萄園	豆腐工房しろうさぎ
				各種野菜・果物、椎茸、酒米の生産、どぶろくの加工	原料用ブドウの生産、各種ワイン、ブドウジュースの加工	生食用ブドウの生産	国産大豆による豆腐の生産、厚揚げ・薄揚げの加工

（注）※1：パスチャライズ牛乳、パスチャライズ・ノンホモ牛乳、山地
※2：イズモ・ラ・ルージュ、カマンベールチーズ、黒胡椒ゴーダチーズ、
※3：プレーンヨーグルト、きすきヨーグルト、ラクティ、のむヨー
（資料）各種資料より筆者作成。

2　小規模酪農複合経営の形成と有機農業への試行錯誤
――第一期（一九五三〜七一年）――

若い農民たちの観察と〝気づき〟

木次町では、すでに一九五〇年代に、酪農を開始した若い農民たちが一定数存在した。彼らは、旧来からの現金収入源としての養蚕、製炭、和牛の子取り生産などに加える営農の一分野として、酪農を経営に取り入れた。農業に熱心な若い農民ほど、当時の「時代の最先端を行く」作目として酪農を取り入れ、気負った意識があったという。とはいえ、一九五〇年代の町内生乳生産量はわずかであった。「有機農業」的な酪農生産も、当初はまったく意識されていない。だが、酪農に熱心に取り組むなかでのさまざまな体験をとおして、彼らの覚醒は急速に深まっていく。

斐伊川流域における有機農業運動の原点ともなったこの酪農家たちの取り組みは、長年、地域の風土と密着しながら継続してきた農のあり方、すなわち自給を中心とする小規模有畜複合経営に基礎を置いている（かつての和牛の位置に乳牛も組み込まれる）。それは多くの点で、基本的には戦前からの継続であった。だが、生産対象となる生き物（作物も家畜も）とそれを育てる土（土壌）や肥料・飼料の関係を丁寧に観察しつつ生産に取り組むなかでの〝気づき〟が重要な役割を果たすことになる。

とりわけ、雌牛の生体の微妙な仕組みによって生み出される生乳の生産は、対象の生体反応を観察しながら行われた。だから、小さな異常にもめざとく気づく。まして、酪農を始めたばかりの若い農民たちにとっては、きわめて高価で、大切に飼育する少頭数の雌牛だ。しかも、野草による自給飼料中心であったから、餌の内容や飼い方とそれに対する牛たちの反応はことさら気になったであろう。

ここまで「若い農民たち」と呼んできたが、その中心は忠吉である。また、大坂は一九六二年に酪農を始めた（当時、忠吉は四二歳、大坂は二四歳）。以後この二人がリーダーとなり、地域の酪農家集団を率いて先進的な運動に取り組んでいく。その基礎となる酪農のあり方、自然に対する考え方が形成されたのが、この時期であった。

忠吉が酪農を始めたのは一九五三年である。なぜ酪農であったのか。忠吉は、こう語っている。

「日登《ひのぼり》中学校長で生活綴り方教室で読売教育賞を受けられた熱心な無教会派のクリスチャン・加藤歓一郎氏や、再三村を訪れられた森信三先生をはじめ多くの先生方のお話に刺激され、その頃新しい農業とされていた酪農に関心を抱きました」（木次乳業社内報『きすき次の村』一九八八年八月号）。

当時の加藤たちの影響力を考えれば、若者たちは多大な影響を受けたものと思われる(1)。

消費者の腹の中にまで責任を取る

以下、木次乳業の社内報(『きすき次の村』)、あるいは「たべもの」の会(四七ページ参照)のパンフレットなどに掲載された忠吉自身の文章に基づいて、当時の状況を素描しておこう。

一九五五年には、忠吉、田中豊繁、鳥屋久義《とやひさよし》の若い酪農家有志三人が、木次町内の牛乳屋(処理業者)と共同で生乳の加工(熱処理)と販売を始めている(「木次牛乳」=木次乳業の前身)。忠吉らは、酪農の生産物である生乳の加工(熱処理)・販売まで手がけており、六次産業化(加工は熱処理のみというきわめて簡素なものであったが)を早い時期からすでに目指していたともいえる。生産者が加工・販売まで担当し、責任をもつ(忠吉は、これを生産者が「消費者の腹の中にまで責任を取る」と表現する)という基本的な経営姿勢が、後の木次乳業発展の原動力となる。それは、このときの経験がその原点にあった。その気持ちを、忠吉は次のように記している。

「農民として自分のつくった農産物を加工し、商品として初めて売りました。一九五五年のことです。その時の感動は今も忘れません」(『きすき次の村』一九八八年八月号)。

また、当時の自分自身を振り返って、忠吉は次のように記している。

「当時は農業の近代化が目標の農業基本法が制定される前夜です。農業のいわば工業化が推進され、酪農にもその波が押し寄せてきた時です。コストダウンを図り、農薬や化学肥料を駆使し、高収益を確保するための多頭飼育、規模拡大、設備増大といった一連の動きが、高度経済成長路線の農業版として始まろうという兆しがみえはじめた頃です。事実、農薬、化学肥料の魅力は素晴らしいものでした。農民は暗い苛酷な重労働から解放され、見た目には素晴らしい収穫が得られ、やっと近代市民権を得たようで、得々としておりました」（前掲『きすき次の村』）。

一九六二年には忠吉を含む出資者六人で、新たに木次乳業（有）が設立される。同年、木次町では学校給食用の粉乳（米国産脱脂粉乳）が地元産牛乳に代わり、木次乳業の牛乳が使われることになる。

このように木次乳業設立の時点まで、忠吉らの酪農は順調に進んでいるように見えていた。ところが、一方で、予想もしない出来事が起こっていたのである。

乳牛の反応を通じて近代農業の歪みを悟る

忠吉らが始めた酪農の近代化は当初、一見すると素晴らしい成果が出たように思われた。しかし、一九六一年ごろになると乳牛の挙動が不安定になる。乳房炎が多発し、繁殖障害や起立不能の牛が出るようになったのである。だが、原因はつかめず、困惑していた。そのとき、大坂が「それは化学肥料で作った牧草が原因ではないか」と忠告してくれたという。

「その時ふっと思い出したのは養蚕家であった父が蚕の小さい時に与える桑の葉は必ず、この地上で死に体となった落葉、藁のようなものを原料とした堆肥のみを施し、そこでできた桑の葉を噛んでみて甘みのあるもの、即ち光合成を充分にしたもののみを与えていたことであった。それは牛も同じことが言えるだろうと早速山野の自然に育った草を主体にした飼育方法にいたしましたところやがて牛は健康を取り戻しました」（前掲『きすき次の村』）。

さらに一九六五年にも、農薬のかかった畔草を誤って牛に与えたところ、大坂が瞳孔の動きに異常が出たのに気づいて忠吉らに知らせた。

「そのことを近くのお医者さんに話したところ、牛乳はもちろん、母乳中のＤＤＴ、ＢＨＣ、特に抗生物質が問題だと注意され驚きました。早速酪農家相計り、農薬を規制しました」（前掲『きすき次の村』）。

こうして、化学肥料も農薬も抗生物質も酪農経営にとっては問題となることが明らかになってきた。

同じ一九六五年に、追い打ちをかけるように、木次乳業の牛乳処理工場が火災によって全焼する。その損失は、当時の年間売上総額を上回るほどであり、忠吉は工場の再建に奔走した。他方、このころ集中豪雨や豪雪で家屋や田畑の流出被害や被災者がしばしば生じ、自然の力の大きさにも圧倒されることになる。忠吉も一九六一年の集中豪雨で家と次男を亡くしている。

こうしたさまざまな出来事の積み重ねが、〝近代農業からいまでいう有機農業に回帰するきっかけ〟と〝自然に対する考えの甘さ加減の反省〟につながっていく。

経営難を乗り越えて有機農業へ

この段階での木次乳業の販売先は、学校給食を含む主として地元木次町内の消費者であった。

当時の牛乳は売り手市場であり、飼養戸数も飼養頭数も増えていたが、それにもかかわらず、木次乳業設立以降も販売力は弱く、余剰乳は大手のグリコ乳業に引き取ってもらうしかなかった。木次町内を越える需要が開拓できなかったのである。

火災後の再建は間もなくできたが、一九六九年に至り、木次乳業は多額の累積赤字をかかえ、経営難に陥る。一時は、大手乳業会社への〝身売り〟も考えなければならない事態にまで追いつめられた。それを目の当たりにした忠吉の父の一言は、「大手会社の小作になーかや(なるのか)」であった。この一言に奮起した忠吉は、他の五人の出資者の負担は二五〇万円を限度にし、それ以上の責任はすべて自身が負うという条件で社長に就任。以後、全力を傾けて経営の立て直しに取り組むことになる。

同時に、忠吉や大坂たちの覚醒(近代農業のあり方に対する反省)の結果、一九六〇年代末から耕種部門も含めて、全国に先がけて有機農業的な取り組みを始めている。ただし、後に忠吉が当時を振り返って書いているように、彼らの取り組み(2)は、まだまだ地元でも充分理解されていたとはいえず、「村八分」に近い立場に追い込まれることもあった。そうしたなかでも、忠吉は「幸いなことに、近くに志を同じくする大坂君や酪農家がおり心強く、そのことが本日まで続けられた理由だ」と記している(「たべもの」の会編『あゆみ』一九七八年一二月)。

後の木次乳業の発展を支える忠吉の確固たる信念を形づくったのは、大坂との共通体験であり、適切な助言であった(大坂については表1―2参照)。共通体験についてはすでに見た。助言

表 1-2　大坂貞利氏の活動年表

西暦	年齢	活　動　な　ど
1938	0	木次町(旧日登村)に５人兄弟の長男として生まれる
1945	6	寺領小学校入学／幼少のころから農作業の手伝いをする
1951	12	日登中学校入学／加藤歓一郎先生と出会う
1954	16	日登中学校卒業／文具店に就職
1957	19	５月、土曜会(無教会派キリスト教の聖書研究会)に参加し、クリスチャンとなる
		６月から３年間、佐藤忠吉の父伝次郎のもとで農業研修
1960	22	研修を終え、実家で農作業に従事
1961	23	佐藤家の乳牛の硝酸塩中毒に気づき、化学肥料育成の牧草から山野草主体に変えるよう助言
1962	24	父死去／一家の大黒柱として酪農や煙草栽培へ経営転換を図る
1963	25	水田にドジョウが浮くことに不審を抱く
1964	26	カラーテレビの発する電磁波の危険性に気づき、妊婦は見ないように警告する
1965	27	誤って農薬汚染された畦畔の草を乳牛に与え、瞳孔に異常が生ずることに気づく
		佐藤忠吉とカブトエビ、マガモ、コイなどによる水田除草に取り組む
1967	29	少年補導員を委嘱される
1972	34	福間博利氏らと木次有機農業研究会を結成
1973	35	桜沢如一食養グループとの交流を始める／加藤先生とともに日曜学校を始める
1975	37	「たべもの」の会との交流が始まる／聖書研究会が「日登聖研塾」に改称
1976	38	出雲すこやか会との交流が始まる
1977	39	加藤先生召天／先生亡き後も一人で日曜学校を続ける(～79年)
1978	40	結婚／使い捨て時代を考える会との交流が始まる
1979	41	第一子伊作誕生／鈴蘭台食品公害セミナーとの交流が始まる
1980	42	第二子直美誕生／枚方・食品公害と健康を考える会との交流が始まる／操体法を習得
1982	44	第三子瑠津子誕生／保護司を委嘱される／木次町酪農組合長に就任
1985	47	気功治療を習得し、近隣に施して回る
1989	51	日登牧場組合長に就任／酪農生産組合(チーズ工場)組合長に就任
1991	53	筋診断法習得
1993	56	９月 10 日、日登牧場にて事故死

(資料)『きすき次の村』1995 年８月号(大坂貞利兄追悼特集)など。

については、たとえば「食養にも興味があった大坂兄は、よく骨折する私に砂糖類を控えるよう言いました。また、私が重症の肝炎および膵臓ガンの疑いで入院したときは、彼の忠告で完全に玄米菜食に切り替えました。おかげで今日まで二〇年余り生きのびることができました」と記している。この体験は、「定住民族で穀物菜食によって生きてきた日本人と畜産物、特に牛乳との関係を問い直すきっかけとなり、パスチャライズ牛乳やナチュラルチーズの開発につながった」という(『きすき次の村』一九九五年八月号、大坂貞利兄追悼特集)。

「牛乳の売り手市場の状況の中で、農民が自主的に牛乳の清浄化にとりくみ、ベストを尽くして消費者に届けたという行為は木次が唯一世に自慢できることと思います。これも大坂兄がいたからこそできたことです」(前掲『きすき次の村』)

3　木次有機農業研究会の結成と風土に根ざした地域自給思想の確立
――第二期(一九七二〜八一年)――

木次有機農業研究会の結成と活動

一九七二年に、木次町内ばかりでなく、周辺地域の酪農家たち(酪農+伝統的な耕種農業)を含め、一部消費者も参加して、木次有機農業研究会が農家七名を含む一五名で結成された。この研究会はその後、斐伊川中・上流全域にまで組織が広がり、流域の有機農業運動の中核としての活動につながっていく。活動の中心は大坂や佐藤をはじめとする酪農家たちであった。一九八〇年には新たに結成し直され、名称は変わらなかったものの、大原、仁多、飯石《いいし》の三郡八カ町村から四〇人近くが参加し、会員数は八〇人にも及んだ。

木次有機農業研究会は、自給的農業＋酪農という自分たちの小規模有畜複合農業のあるべき姿、とりわけ酪農分野のあり方を模索した。そして、そのなかから農民として自ら信ずるに足る生き方、考え方、進む方向を確立し、その姿勢を貫くことによって展望を切り開いていく。中心には、常に若い酪農家集団が存在し、そのリーダーとして大坂と忠吉がいた。また、木次乳業は有機農業実践者の拠点であり、経済的基盤を保証する機能も持っていたといえる。

最初の消費者グループとの交流は一九七三年で、松江市の北脇則男らの桜沢如一食養グループ(「自然食品センター」という名称の小売り店舗を拠点にしていた)とであった。この交流によって食養の知識を得たことが、食べものの作り方や食べ方を研究する契機となる。

木次有機農業研究会の討論は、「研究会が取組んだ課題」としてまとめられていて、実に徹底した内容である。まず、全体を「研究会として取組んだ農法的課題」(作り方)と「今日の日本人の食生活の改善に要すると思われる対応策を百姓の場で取り組んだこと」(食べ方)の二つに分ける。さらに、前者を「生命の糧にふさわしい米の生産方式を求めて」「本当のタマゴを求めて」「肉生産の本当のあり方」「本当の牛乳、これからの内地酪農のあり方を考えて」「低温殺菌牛乳の開発」の五項目に、後者は「食べすぎ」「カルシウム不足」「鉄不足による貧血者の増大」「油の生食不足による人の活力低下[4]」「陸に上がった化学塩の使用から海に戻る自然塩の使用を」「自給自作《ママ》生活の見直し」「遊びの自給自足」の七項目に分けて、研究し、議論している。

また、各項目はさらに細目に分けられており、その細目を仔細に見れば、考えられるあらゆることといってもよいほど広範囲の問題を検討している。そして、彼らの議論の徹底ぶりは、自らのよって立つ酪農について、北欧のような畜産の伝統も乳文化もない日本の、とりわけ木次においてなぜ生乳を生産するのか、という根源的な問いにも恐れず挑戦し、独自の位置づけを確認することになる。その内容を紹介しよう。

酪農と食べ方の基本の確立

酪農家たちとその生乳の加工・販売組織である木次乳業の考え方（作り方）の基本は、与えられた地域の風土を前提に、それに添った（逆らわない）牛乳生産であり、それも含めた農産物の少量多品目自給による農家経営を目指そうというものである。

たとえば酪農についてみれば、彼らは、平地が少ない地域の条件に対応すべく〝山地酪農[5]〟を目指す。そして、それに合った乳牛として一般的なホルスタインに代えて、高温多湿の気候にも強く、傾斜地酪農に適するジャージー種をまず導入した。ところが、ジャージー種はピロプラズマ病の発症が多く、高脂肪乳がバター向きであり、飲用乳には向かないことがわかる。

そこで、エメンタールチーズの製造を追求する過程で、乳量は少ないが、傾斜地に強く、乳質がよく、廃牛も利用しやすい乳肉兼用ブラウンスイス種を導入し、放牧する。この牛は、木次乳業が求める〝山地酪農〟に適合していた。そのうえで、数世代を重ね、この地方の風土のもとで生まれ育ち、適応してきた乳牛を育成している。

木次乳業は、放牧に適し、精神的ストレスがなく、豊富な野草の自由な給餌によって飼養した健康な乳牛が無理なく生み出した良質の生乳が、〝できるだけ自然に近い製品〟となるように、処理・加工方法についても徹底的に研究した。その成果が、消費者グループに評価されて需要が大幅に伸びていったパスチャライズ牛乳であり、ノンホモ牛乳であった(6)。

研究会での議論に基づくもう一つの結論は、食べ方についてである。

この地上に生まれた人間として、うれしく、楽しく、他人から見て少々おかしいぐらいであっても、快適に生き生きと暮らし、そうした生を全うすることを望む。その基本は健康である。農業の基礎は、生産者自身の健康によい〝たべもの(7)〟の自給であり、生産者自身の健康である。その延長上に生産された農産物の余剰を消費者に届ける。消費者はそれに対する適正な対価を負担することによって、生産の継続を可能とする。つまり、生産者と消費者との〝たべもの〟を媒介とした共生が大切なのである。双方が食べすぎず、食材の選択においてもカルシウムや鉄分の不足、油や塩の製法にも気を配り、健康を維持していきたい。

保冷トラックに書かれたメッセージ

木次乳業による外部への発信

木次乳業は、木次有機農業研究会の会合で話し合われ、合意できた内容を、外部に向けて発信する。その象徴的な表現が、自分たちの生産物である牛乳を運ぶ保冷トラックに「赤ちゃんには母乳を」と大胆に大書したことである。木次パスチャライズ牛乳などのパッケージには、さらに丁寧に説明を加えている。

「お母さん　赤ちゃんにはなるべくあなたの母乳を差上げて下さい。母乳こそ赤ちゃんの最高のたべものです」

つまり、「牛乳を」ではなく、「母乳を」なのである。これが彼らの議論の末の合意であった。

それでも、牛乳を生産・加工・販売するかぎりは、消費者の健康に役立つ、日本人には欠乏しがちな良質のカルシウムを確実に摂取できる質を維持する。たとえ消費者が気づかなくても、自己否定的な内容になっても、自らの姿勢として、あるべき姿を提示し続ける。この簡潔な呼びかけは、木次乳業と木次有機農業研究会メンバーの姿勢や考え方の象徴的表現となった。

このように、木次町を中心とする酪農家たちと木次乳業は、互いに協力しあって、良質の生乳の生産と、独特の処理・加工方法による可能なかぎり自然に近い牛乳を生み出し、常によりよい牛乳を求め続けている。そうした姿勢が消費者グループの高い評価につながり、それによって全国的に知られるようになっていく。

その特徴は、①有機自給農業の一環としての小規模な酪農(牛飼い)の維持を基本とし、②消費者グループと提携し、③それによって一般市場への流通を前提にすればきわめて困難である新製品開発や経営が成り立つ販売価格の実現を可能としてきたこと、である。(8) それはたとえば、全国に先駆けて行ったパスチャライズ牛乳やノンホモ牛乳であり、後述する各種のナチュラルチーズ、ヨーグルトなどである。

消費者グループ「たべもの」の会との「提携」

一九七三年以降、斐伊川中流域で活動する木次有機農業研究会のメンバーと下流都市松江市の「自然食品センター」との交流は続いていた。そのなかで、木次牛乳(木次町内で生産され、木次乳業が処理した牛乳のブランド)もわずかずつではあるが出荷されていたが、木次乳業の経営に及ぼす影響はほとんどなかったといってよい。

当時の経営は、まったく見通しの立たない状態であった。しかし、その間にも、牛乳処理施設の維持・存続が困難となった流域内周辺地域の酪農組合などと業務提携を行い、生乳の処理を全面的に引き受け、販売の相互協力を進めている(9)。こうして、木次乳業の処理工場が斐伊川中・上流全域の生乳処理を引き受けるようになる。その結果、業務提携した各酪農組合などにとっても、自分たちの地域で生産された生乳が木次乳業で処理され、自分たちの手で地元に販売できるというメリットがあった。

本格的にまとまった量が松江市に送られるようになるのは、一九七五年秋に始まる、松江市の消費者グループ「たべもの」の会との「提携」以降である。「たべもの」の会は、一九七五年九月の準備会発足時点での会員数は約一〇〇世帯、牛乳一日約一二〇本、七六年五月に正式に会として出発した時点でも会員数一五〇世帯、牛乳一日約三〇〇本という程度でしかない。それでも、この「提携」のもつ意味は予想以上に大きかった。それは、一九七五年という年が、その前年から『朝日新聞』に連載された有吉佐和子氏の小説『複合汚染』や安達生恒氏らの『〃たべもの〃を求めて（講座農を生きる　第2巻）』三一書房）などによって、食べものの安全性がかつてなく多くの人びとに意識された時期であったからである。とりわけ、消費者側が、「安全な農産物」という言葉に敏感になっていた。

そうした条件のあるところへ、地方紙などが、「安全な農産物（木次牛乳など）」の共同購入を目的とした「たべもの」の会発足を報じたのである。この宣伝効果は大きいものがあった。こうして、ほとんどゼロから出発した松江市における木次牛乳の消費は、一般戸配や店頭売りも徐々に伸びていく[10]。

一九七五年以降は、「たべもの」の会と同様の消費者グループが各地で発足する。それらのグループは、木次牛乳の情報を入手し、木次乳業や木次有機農業研究会との「提携」を求めてきた。こうした経過を経て、木次乳業の経営はようやく安定し、「農家に希望をもたせるだけの力が出てきた」(忠吉)のである。木次乳業を中心とする酪農家の輪も徐々に広がり、木次町内ばかりでなく吉田村、加茂町、横田町などからも酪農家の代表が木次乳業の経営に参加するまでになった。

地域開発賞の受賞とその意味

木次を中心とする斐伊川流域の有機農業運動は、木次乳業の発展とともに広がっていく。その象徴としての木次乳業あるいはその社長である忠吉は、現在までいろいろな段階で社会的に評価され、賞を受けてきた。その最初の受賞が、地元紙『山陰中央新報』を発行する山陰中央新報社の地域開発賞(一九八一年度)で、忠吉が六一歳の時であった。表彰日の新聞は、忠吉の業績を次のようにまとめている。

「(前略)昭和四十四年には火災により破産寸前の木次乳業の社長となりこれを再建させて大原

郡木次町および近隣三町村の酪農家による牛乳処理工場の自主的確保の道を切り開いたほか、昭和四十七年からは木次有機農業研究会の中核となって活躍、地域に適した有畜複合経営、有機農業を七十人の仲間と研究・実践し成果をあげている。また全国各地の消費者グループの支援と要望にこたえ、流域の無公害自然食の産地直送や低温殺菌牛乳の出荷を実現させ、生産者と消費者の提携と連帯に大きな役割を果たし、島根の風土に適した山地酪農を成功させた」（『山陰中央新報』一九八一年八月五日）。

この最初の受賞は、結果として、木次の酪農を中心とする有機農業運動が、消費者グループだけでなく地元社会でも評価され、受け入れられる契機となった。

木次乳業では一九八二年に新工場ができるまで、こぢんまりとした旧式工場（敷地面積二〇〇㎡程度）ですべての生乳が加工・処理されていた。小さくても隅々まで神経の行き届いた充実した工場であったが、見る人によれば大手乳業メーカーのそれと比較すると、あまりにもお粗末に見えたであろう。消費者グループにしても、「たべもの」の会の場合は、比較的近いので何度も確かめ、交流するなかから信頼関係ができていたが、遠方からたまに見学に来るだけの場合、大丈夫かと不安な人もあったのではないだろうか。

そうしたなかで、いち早く地元紙が、新しい農業のあり方、消費者と「提携」してともに進める生産と消費の可能性を高く評価したことは、大きな保証となった。木次乳業とそこにかかわる酪農家たちにも大きな自信を与えたと思われる。その象徴としての意義ある受賞であった。

4 産消提携運動の拡大・深化とモノカルチャー化への対応
――第三期（一九八二〜九六年）――

各種乳製品加工の展開と協同性

木次有機農業研究会メンバーの考える自給の基本は、牛乳もそれ以外の生産物も、まず、自分たち自身の経営内自給である。それ以上に生産できれば地域内、次いで斐伊川流域内、さらに生産できれば流域外へ販売、というものであった。しかし、牛乳・乳製品についていえば、地元あるいは流域内の消費量は飛躍的に伸びる木次乳業の処理量に比べればそれほど多くはなく、増加のペースも緩やかであった。また、この時期からナチュラルチーズやヨーグルトなどの生乳を原料とする各種乳製品加工が進められる。それらも地元消費は少なく、都市消費者グループ向けが中心であった（筆者らの調査結果による）。

木次乳業の生乳処理量の急速な伸びを可能としたのは、生産面では、一九八〇年代初めに吉田村で若い酪農家五人が新規参入したことと、木次町の酪農家たちが平均飼養頭数を急増させたことによる（一九八二年の一〇・〇頭から九六年の三四・〇頭へ）。需要面では、主として京阪神などの規模の大きい消費者グループとの「提携」の広がりと、都市圏での需要が大きいチーズやヨーグルトなどの乳製品加工に本格的に取り組んだことによる。

この時期から矢継ぎ早に始まる各種乳製品加工の試みは、新しい発想による日本でもっとも先進的な取り組みであった。その大きな力となったのが、酪農王国デンマークなどでチーズ作りを学んだ技術者であり、海外での豊富な経験をもつ乳業コンサルタント藤江才介の指導・助言である。藤江は、『きすき次の村』の創刊号(一九八七年四月)において、次のような注目すべき指摘を行っている。

「寒冷なる気候、不毛なる土壌、皆無の天然資源などの悪条件下でデンマークが成し遂げた世界に冠たる酪農乳業の確立は、酪農民の教養、勤勉と協同の勝利であると世界は認めています。この三要素のうち、教養と勤勉は日本人も劣るものではありませんが、最後の協同(co-operation)は一般論ですが日本人の弱点といって差し支えないでしょう。しかし、木次乳業の強みは、佐藤社長を軸とする工場のスタッフ、酪農家、消費者団体の三者のコオオペレイションが確立されていることによるものと信じて疑いません。農畜産物の完全自由化を目前に控え、さらに国内的には酪農の諸般の条件に優れた北海道とも競合しうる木次の酪農を構成する皆さんの教養、勤勉と協同の三本柱の上に立って、常に新しい製品の開発研究を忘れないことを切望しまして、機関紙発刊にあたってのお祝いの言葉に代える次第です(著者により一部修正)」

藤江は、木次乳業が意識的に推進してきた生産者と消費者を結ぶ加工部門としての役割の徹底を高く評価し、その姿をデンマークの「世界に冠たる酪農乳業」になぞらえたのである。

新工場の設立と「木次に集う会」

当時の木次乳業の工場は、木次乳業と生産者たちの物的・精神的拠点であったが、運動の広がりと深まりに対しては手狭になっていた。いろいろな試みをするにも、限られた敷地内では限界がある。運動の発展にふさわしく、新しく生まれ変わる必要性があらゆる面から出てきていた。

一九八二年の新工場建設に対し、全国の消費者グループから資金が届けられる。その金額は、総計一〇〇〇万円にのぼった。建設費全体からみれば、それほど大きな金額とはいえなかったかもしれないが、藤江の言う「協同」にふさわしい支援であったといえよう。

そうした消費者たちの厚意に報いるために、木次乳業は、新工場における牛乳・乳製品生産のあり方について消費者と生産者から直接意見を聴く「木次に集う会」を開催した。全国から木次乳業の乳製品を扱っているグループのメンバーが個人の資格で集まり、注文を付ける機会である。それは、生産者と消費者と木次乳業とが顔と顔の見える関係を深めることにもなった。

消費者グループが木次乳業に少しでも役立ててほしいと建設資金を届けたり、企業が自らの経営内容にまで影響が及ぶような意見交換の場を自ら提供するという出来事は、現代社会ではたいへん希有といえるだろう。だが、藤江の理想とする酪農乳業のあり方からみれば、こうした関係三者が一堂に会する協同性の維持・存続は、当然あってしかるべきであったともいえる。

木次乳業は、工場移転が落ち着いた約一年後に、木次に集う会準備会を招集する。準備会は、一九八三年九月一〇〜一一日に木次町で開かれている。消費者グループ、地元の農協、酪農組合、島根県農業会議、木次乳業社員など約五〇人が一堂に会し、今後どのように進めるかについて意見交換し、名称、目的、活動など最低限の会則を定めた。

以後、この合意に沿った形で、木次に集う会は開かれ、新工場における木次乳業のあり方に直接意見を述べ合う機会となる。第一回の一九八四年から第五回の九二年まで、毎年とはいかなかったものの、木次乳業の牛乳・乳製品を扱っているグループ、団体の構成員が個人の資格で全国から集まり、自由に注文を付け、意見を交換した。準備会を含めれば六回続いたことになる。各回の参加者は、第一回九七人、第二回（一九八五年）一五七人、第三回（八六年）一七〇人、第四回（八八年）一五〇人強、第五回二二〇人である。

なお、木次に集う会には、行政の担当者、農協や農業会議の関係者など構成三者には属さない人びとがいつも参加していた。これは、地元で有機農業の底辺を拡大していく目的で、運動の実際を見せようという判断から参加を要請したためである。

討論の内容は、第一回〜第三回は参加者同士の交流を中心としていたが、第四回は道路拡張に伴う工場の一部移転が近々予定されており、何らかの整備の方向を打ち出すことが緊急の課題になっている段階で開催される。そして、①（地域）自給を基礎とする酪農家たちの生産と生活をいかにして構築すればよいか、②酪農家たちの拠点である木次乳業は今後いかにあるべきか（目指すべき姿・方向）の二点について、日本有機農業研究会の一楽照雄、築地文太郎、一橋大学の室田武、国民生活センターの藤森昭、桝潟俊子、京都精華大学の槌田劭《たかし》らが提案し、それについて意見交換するという形で行われた。

最後になった第五回は、新工場建設後一〇年が経過した一九九二年に、木次乳業創立三〇周年記念式典と同時に開催され、盛大なものとなった。三者の交流に加えて、意見交換のテーマは「地域自給と提携」である。木次における地域自給の現状や都市との「提携」のあり方、両者の関わりなど、それぞれ違う立場からの報告と討論、そして、「共生への道」と題した槌田劭の講演があった。ただし、二二〇名もの参加者を木次乳業社員や生産者、地元の消費者グループが迎え、各種の対応を行わなければならない。後述するモノカルチャー化が進行するなかで、その中心とならざるを得ない木次乳業社員にとっては、大きな負担となっていたと思われる。

木次に集う会の意義と役割

以上のように、木次乳業は大胆にも、自らの経営に対する「縛り」ともなりかねない、生乳生産者、牛乳・乳製品消費者、社員を含む木次乳業関係者が対等の立場で意見交換し、あるべき方向をともに考える場を設けたのである。それは、三者共通の理想を目指す拠点としたい、という忠吉と関係者の希望から生まれたものともいえる。

木次乳業と消費者グループや木次乳業の牛乳・乳製品を扱う業者などとの信頼関係を確実にしたものとして、この集まりのもつ意味・役割はたいへん大きいと思われる。とりわけ、消費者にとっては、日頃考えていることや、牛乳・乳製品に対する意見や要望を直接伝えられる貴重な機会であった。また、ふだんは会えない酪農家たちと直接顔を合わせ、話し合ったり意見交換したりできるので、より信頼感と親近感が増したと思われる。つまり、顔と顔の見える関係の確実な形成であり、深化であった。そしてそれは、藤江が書いたように木次乳業にとって大切にしなければならない三本の柱（教養、勤勉、協同）の上に立って進むようにという助言に沿うものともなっている。

また、木次乳業や忠吉ら酪農家たちにとっての意義は、（一九八八年に開かれた第四回木次に集う会において出された）地域自給の確立を実現するための方向性が明らかになった（再確認された）ことである。それは、身のまわりからの自給に始まり、グループ、地域、流域、県、国レベルでの充実した自給を実現する方向である。そしてそれは、究極のところ、地球資源を世界の人口で割った数十億分の一の再生可能資源を消費する範囲内での生活を目標とすることであり、忠吉の目指す「簡素で品位のある生き方」につながるものでもあった。

「提携」運動の拡大とモノカルチャー化の恐れ

一方、前述の内容と矛盾するようにも見えるが、新工場完成以降の「提携」運動の急速な拡大は、生乳の処理量を急増させる。しかし、酪農家戸数の増加は事実上困難であり、むしろ減少傾向にあった。その結果、木次乳業に出荷する酪農家たちは、質を維持しつつ乳量を増やすために、飼養頭数の増大で対応するしかなかった。この増頭は、酪農家の経営のモノカルチャー化を進めることにもなる。

生産者もそれを受ける木次乳業社員の仕事も、余裕がなくなっていった。一九八〇年代の終わりごろになると、仕事が以前ほど自由にのびのびと自分の判断で進められなくなり、決められた仕事を確実にこなすという方向に変わりつつあったという。その結果、生産者と木次乳業社員あるいは生産者同士、木次乳業社員同士が日常的に多様な形で交流する、親密な人間関係の維持が難しくなっていくことが予想された。

『きすき次の村』一九八八年五月号に、当時木次乳業社員であった加藤進が、「地域自給を目指して」と題する小論を載せている。冒頭、彼は「当社がパスチャライズ牛乳をはじめて世に出して以来、生産量(処理量)は年を追って増加し、今や当方の予想をはるかに超えて日産八トンにまでふくれあが」ったと指摘し、それだけ多くの都市の消費者グループと提携しえたこと、牛乳を素材として「食」「生き方」の全体的な見直しを考えている人びととのつながりが拡大したということはきわめて喜ばしいと評価した。そのうえで、こう問題提起している。

「生産の規模が大きくなるに従って問題点が出てきました。見えていた関係性が希薄になり、大きくなった組織は管理技術を必要とし、その分だけ共同性を失い、素材としての牛乳が『商品』としてのそれへ変質する危険性をはらみ、これら全ては我々の目指す『地域自給の確立』という方向に逆行し、我々の活動を牛乳生産というモノカルチャーに限定させる可能性をもつものです。こうした傾向は規模が大きくなるにしたがってますます顕著になることでしょう。歯止めをかける必要を感じているのがいつわらざるところです」

『きすき次の村』は、次号の一九八八年八月号と一二月発行の合併号の二回に分けて忠吉の「自給運動と提携運動」と題した巻頭文を掲載した。これは同年に東京で開かれた「食糧自立を考える国際シンポジウム」において忠吉が報告した内容をそのまま掲載したものである。忠吉も加藤とまったく同じ危惧を抱いていたことがわかる。その報告から、加藤の問題提起に対する忠吉の答えに当たる部分を抜き出せば、以下のとおりである。

「(いろいろ模索した経緯を踏まえ)積極的にはモノカルチャー的傾向に歯止めをかけるべく、当地での多様な自給生産を試みることだろうというように考えています。(しかし)、既存の木次乳業では本業の方で手一杯であり、多様な自給生産を担うのは無理であるとの認識から、別に農業生産法人の形態で対応すべきかと考えています」(合併号)。

では、この時期いかなる対応が具体的になされたのだろうか。

モノカルチャー化への対応

①社内自給を目指す農事組合法人「手がわり村」の開設(一九八九年)

忠吉は、木次乳業としてすでに一九八三年に「社員による水田耕作や味噌づくりを開始」し、この試みの意味を次のように述べている。

「たんに、自分たちの生活する地域で自給自足の暮らしをということを実践するだけではない。

安全で安心できる食物をつくるということはどういうことなのか、何をしなければならないのか、何をしてはいけないのかを学ぶ場なのである。また、食物をつくる人は健康体でなければならないという前提のもと、社員全員が健康な体づくりを実現していくプロセスでもあった」

そして、これを「さらにもう一歩進めたものが、まかない社員食堂『手がわり村』の開設である」。かねてから設立の動きがあったが、一九八九年に誕生・運営の運びとなった。地域自給を目指し、まずはできるところから社内自給を実践していこうということで、木次乳業社員をおもに組合員とするものである。具体的な内容としては、「社員給食に供する米、野菜、加工品（味噌、とうふ、こんにゃく、ジュース等）を生産・加工」し、「そこで余ったものを販売したり、日用雑貨の共同購入」をしたりする。また、「組合として講演会や勉強会を企画」する（『きすき次の村』一九九〇年二月号）。

②酪農生産組合によるチーズ加工施設建設事業の導入

木次町内の酪農家は一九八一年七月、木次町酪農組合を発足させ、原乳の生産性向上、乳牛の改良対策、飼養管理技術の向上などによって、酪農生産体制の確立を図ってきた。しかし、一方で生産調整が続き、廃牛・廃乳を余儀なくされる状況も生じ、ますます酪農家の経営不安の増大が予想されるなかで、生乳生産増に対応する方策が必要となっていく。

木次町酪農組合員は、木次有機農業研究会会員として、有機農法による質の高い生乳生産に取り組んできた。また、木次に集う会などで木次乳業をとおして消費者団体・グループとの深いつながりがあり、牛乳の取引があった消費者グループの会員から、牛乳の納入・販売にとどまらず、乳製品の加工(とりわけチーズ加工)も要望されていた。酪農家の生産意欲高揚を図ることもあわせ、新たな酪農生産組合による乳製品加工施設の建設が酪農生産農家にとって必要であり、緊急の課題でもあったのである。

こうした経過をふまえて、乳製品加工施設整備事業の導入が行われた。酪農生産組合員数は七名(木次町内酪農家全員)、代表者は大坂、資本金は五〇〇万円、工場機械設備施工費と機械購入費は合計六六八五万円。建物の完成は一九八九年三月、機械の設置は同年七月であった。目的は、増産された生乳を加工し、生乳の付加価値を高めつつ、流通・販売させることである(『きすき次の村』一九九〇年二月号、設立目的より)。これは、チーズ加工部門を木次乳業から切り離し、酪農生産組合に任せることを意味するものでもあった。

③『きすき次の村』による木次乳業社員の再教育

発刊の辞には、こう述べられている。

「ますます混沌とする時代の中、立場や考え方が違っても、いや違うからこそ、力を出しあっていけるつながりにしたいと思います」(『きすき次の村』一九八七年四月号、創刊号)

『きすき次の村』は、前述の加藤の問題提起の一年前に発刊されていた。その内容の中心にあるのが、忠吉の基本的な考え方、その考え方を生み出した背景などについてまとめた「直耕」と題された連載巻頭記事である。そこには、木次乳業や木次有機農業研究会で議論してきた内容が反映されている。したがって、当面の現実対応のみにとどまらない木次乳業の考え方と理念が展開されており、社員の再教育につながる内容である。

高い生乳の質と乳製品製造技術

急斜面の日登牧場に放牧されるブラウンスイス
（写真提供：木次乳業）

チーズ加工施設が完成する七年前の一九八二年から、木次乳業はナチュラルチーズの製造・販売を始めている。一九八九年には日登《ひのぼり》牧場（三〇ha）を開設し、山地酪農に適した乳肉兼用種ブラウンスイスの導入によって、原乳の質のさらなる向上を達成した。(11) その結果、一九九二年には研究開発を重ねてきた成果である高い製造技術と相まって、最高級チーズである木次エメンタールチーズの製品化に挑戦し、日本ではじめて成功している。さらに、一九九五年にはＪＡ雲南と提携してスーパー・プレミアム・アイスクリーム「マリアージュ」の製造（ＪＡ雲南）・販売（木次乳業）を開始する。これらは、生乳の質のよさと木次乳業の高い加工技術水準を示すものといえよう。

ここにおいて忠吉は、木次乳業において長年にわたって追求してきた牛乳・乳製品加工分野における高い到達点（目標）を一通り実現したといえる。

そのほか、この時期に忠吉がかかわって実現させたものをあげておきたい。

一九八二年——斐伊川流域下流の都市消費者グループとの共催による「農・食・医を考える連続講演会」第一回開催（以後、二〇一〇年の第二五回まで継続）。

一九八五年——「流域の上流と下流とが交流を進め、『土に根ざした二一世紀出雲の流域文化を創造する』こと」を目的とする斐伊川をむすぶ会の発足に参加・協力。

一九九〇年——木次町内の農工商連携によって（有）奥出雲葡萄園を設立。

一九九一年——地元農産物の生産者と加工者でつくる「ゆるやかな共同体」の試みのために、（株）風土プラン（共同販売システム）を設立（二〇〇七年一〇月に活動休止）。

一九九二年——奥出雲葡萄園がワイン醸造販売の許可を取得。

一九九三年——木次町内の学校給食に有機栽培野菜の供給を開始。

一九九四年——鶏卵の生産調整を目的に、卵油加工を開始（（有）コロコロの舎設立）。

企業経営の使命と木次乳業の継承

木次乳業や木次有機農業研究会から発信される忠吉の農や地域、あるいは生き方などについての考え（思想）は、初期には大坂との議論や体験によって、また研究会ができてからは、そこでの議論などを経て、形成されてきた。それらは外部に発信されるだけでなく、木次乳業の企業活動にも反映されている。

企業家としての忠吉に対する高い社会的評価は、確実に定着したといえる。『山陰中央新報』は一九九六年に、「起業家さんいん群像」という特集記事で、忠吉を三回にわたり紹介している。そこでは多くの内容が取り上げられているが、次の二点が注目される。すなわち、「企業の使命とは何か」と「後継者についてどう考えているか」である。

「利潤の追求だけが企業の使命じゃない。人類の未来を託せる経営戦略が求められているのです。最近は消費者の欲にこびた、享楽のための舌先の食文化が幅を効かせています。腹の中にまで責任を持った食品生産がおろそかになれば、人類は滅びてしまう。食の向こうに命を託す農業の見える場づくりを続けることが使命だと考えています」

「長男には小学三年生の時から乳搾り、牛乳運びを手伝わせており、企業的な発想で衝突することもあります。ですが、今では最も考え方が近い人間ですね。バトンタッチの時期が来たように思います」

この年、忠吉は社長を退任し、後任に長男の佐藤貞之専務が就任した。忠吉は経営のすべてを新社長に委ね、自らは相談役に退く。忠吉が土台を築き上げた木次乳業は貞之らに確実に引き継がれ、その後も堅実に運営されている。

一方で同じ一九九六年に、斐伊川流域の各地から有志が集まり、新しい農園（後に「室山農園」と命名）の実現に向けた話し合いが始まる。その中心は、平飼い養鶏家の田中利男（代表）であり、忠吉は顧問（補佐役）的な立場で参画した。以後、忠吉は木次乳業や酪農家たちの経営問題には直接頭を悩ますことなく社長に任せ、「健康農業の里・シンボル農園」（後に「食の杜」と呼ばれるようになる）づくりに全力を注いだ。

5　有機農業と流域自給・自立のシンボルとしての「食の杜」づくり
――第四期（一九九七〜二〇一二年）――

廃桑園から生まれた室山農園と「食の杜」

時代は遡るが、木次町は一九七〇年に養蚕業の振興を図るため、農業構造改善事業によって、寺領《じりょう》宇山地区に三・四haの稚蚕桑園、寺領大川上地区には稚蚕共同飼育所を建設した。しかし、その後の繭価の低迷から、しだいに養蚕農家は減少していく。桑園は廃園となり、稚蚕共同飼育所も放置されたままになっていた。

時は流れ、一九八七年三月に至り、大規模農道(飯石広域農道)が寺領地内で着工されることになった。農道工事は多くの残土を生み出すため、残土処理場を必要とする。

一方、廃桑園の元の地主の一人であった田中利男は、農道工事が進むなかで、この場所を農民の理想を実現できるような農場に変えられないだろうかという夢を思い描いていた。やがて一九九六年になると、田中の周辺に、「理想の農園」をめざす夢に賛同し、自らの夢を重ね、その実現に向けて協力しようとする一〇人以上の人びとが集まった。それは、斐伊川流域の上流から下流の出雲市や松江市に至る範囲の、有機農業に関心をもち、木次(あるいは田中や忠吉)に親近感をもつ、多様な立場の人びとである。[12]

彼らは、長年関わってきた有機農業を実践するモデル農園を中心に、「自給を基本とする自立した地域」づくりを目指す活動を軌道に乗せることに主体を置いた。それは、忠吉が目指す「簡素で品位のある生き方」が実践できる、簡素であっても精神的に豊かに生きていくうえで必要なモノはそろっている地域づくりである。

ここで「自給を基本とする自立した地域」における自給とは、農業生産面だけでなく、農・食・医すべてにわたり、暮らし全体に関わるものである。たとえば医については、自分自身が医者になることはできないので、医者を必要としない健康で生き生きとした生活を送ることが実現すべき目標となる。つまり、健康に生きるための健康の自給が大切だということである。そのために、たとえば操体法の研修などによって健康を維持する方法を学び、身につけ、それを日常的に実践する。食についても、食源病と言われるように素材や食べ方と健康は密接な関係にある。したがって、病気の原因になるような食生活はしないように心がけることになる。

こうした動きを見て、地域の有機農業推進に向けた大きな構想を描いて動いたのが、当時の町長・田中豊繁である[13]。田中豊繁は、田中利男の農場構想をさらに拡大し、周辺の土地も含めて開発することによって、「健康農業の里・シンボル農園」の実現につなげようとしたのである。国と島根県の補助事業を取り入れ、総合交流促進施設と有機栽培のための農園から構成される「健康農業の里・シンボル農園」は、後に「食の杜」と呼ばれることになり、一九九九年八月に整備完了した。そして、公募によってそこに入ったのが、室山農園(有)、(有)ワイナリー奥出雲葡萄園、大石葡萄園である(以上『新修木次町誌』を参考にした)。

こうして、二一世紀に入る直前に「食の杜」が実現した。両田中がその夢に賭けた情熱と、無償の土地提供や参加メンバーの見返りを期待しない資金提供・労力奉仕などがなければ、室山農園も食の杜も決して実現していなかったであろう[14]。

食の杜を構成する各組織と地域自給

設立後十数年経過した食の杜には現在、前述の三つに加えて、豆腐工房しろうさぎと杜のパン屋がある(表1―3参照)。これらの組織は、それぞれの仕事について、期せずして共通するポリシーをもっている。当初からの室山農園、ワイナリー奥出雲葡萄園、大石葡萄園、二〇〇〇年に

表1－3 「食の杜」構成各組織の概要

	責任者	従業員メンバー	生産原料	加 工	流通・販売	特 徴	備 考
室山農園	板持勲・田中初恵（地元農家）	メンバー15人	各種野菜、イモ類、豆類、果実類など多様な食料生産、酒米（どぶろく原料）	どぶろく2種	メンバー内自給、余剰農産物販売、どぶろく販売	無農薬有機栽培／自然栽培	水田50a（借地）、畑地40a、果樹地20a、ハウスなど20a。宿泊研修棟（茅葺き・瓦葺き2棟）、研修棟（忠庵）
奥出雲葡萄園	阿部紀夫（工場長：元木次乳業社員）	スタッフ14人	ワイン用ブドウ各種（自社生産＋地元契約農家生産）	各種ワイン、ブドウジュース	自社ワイナリーで販売・一部注文販売、自社ゲストハウスで提供	低農薬有機栽培、自社葡萄園	ワインや食の杜内の食材を使ったランチや軽食を楽しめる。木次乳業の乳製品、食の杜内の生産物などを販売
大石葡萄園	大石訓司（元木次乳業社員）	経営者1人	生食用ブドウ（ブラックオリンピアなど）	なし	葡萄園で直売、注文販売（各地へ発送）、ワイナリーで販売	自然栽培ブドウ	一部奥出雲葡萄園へ加工用ブドウを販売（ブドウジュースなど）
豆腐工房しろうさぎ	三上忠幸	経営者夫妻＋6人	原料大豆購入（島根県産を含む国産丸大豆：タマホマレ）	豆腐、厚揚げ、薄揚げ、がんもどきなど、豆乳	流域内消費者に直売（配達）、道の駅・ワイナリーなどで販売	天然塩のにがり、揚げ物用油は圧縮法で搾った菜種油	田舎料理のレストラン、ワイナリーなどの食材として利用される
杜のパン屋	雨川直人（室山農園メンバー元木次乳業社員）	経営者夫妻＋3人	原料小麦粉購入（島根県産・外国産小麦：イガチクゴオレゴン）	各種パン	流域内消費者に直売（配達）、工房内の店舗で販売、食の杜内での食材として	地元産平飼い有精卵、木次牛乳使用の無添加パン	喫茶と軽食の杜パンカフェを週末のみ開店。パンを中心に食の杜内の食材を活用

資料：聞き取り調査と各種資料より筆者作成。

参加した豆腐工房しろうさぎ、少し遅れて〇四年に開業した杜のパン屋はすべて、食に関わる独立した生産者である。それぞれ異なる生産物を生産しているが、食べもののあるべき姿を強く意識し、その方向に全力をあげて取り組んでいることが共通している。

原料については、まず地場産を考え、地場産がない場合はできるだけ生産地の近い国産を使う。添加物や余計なものは用いず、丁寧に手をかけて作ることに徹している。さらに共通するのが、自分の作りたい本物（そして消費者に対しても「腹の中にまで責任をもった食べもの」）を作ることである。徹底して理想を追求し、手を抜くことを考えない。入手可能な最適な質の資材を使う。その誠実な努力が結果として優れた生産物になり、それを評価して購入する顧客が絶えない。

食の杜内の全組織の話し合いの場として、食の杜連絡会がある。一〜二カ月に一回程度の間隔で不定期に開かれ、各組織がその間の経過を報告し合い、相互の活動を共通の認識にしようとしている。そのうえで、必要であれば協議し、共同行動が必要な場合にはその打ち合わせも行われる。このようにして、組織としては完全に独立しているが、必要な場合には連携する「ゆるやかな共同体」（個としてそれぞれが自立し、必要なときには協同で助け合って行動する）をつくり上げているのである。(15)

以下、五つの組織について簡単に紹介しておこう。

①室山農園

食の杜でもっとも古くから活動している。すでに述べたように、田中利男が廃桑園を活かして障害者もともに生きられる農園づくりを目指し、それに賛同した忠吉とともに、地元で活動をともにしていた生産者や、斐伊川流域内での活動を通じて知り合った交流が深い消費者に呼びかけた。そして、職業や年齢の壁を越えて自然と触れ合い、自分たちの手で自給・自立した暮らしと安全で美味しい農産物を作って食べたいという一五人が集まって発足した。

各種の野菜、果物、食用きのこと、どぶろくの原料の酒米を、農薬や化学肥料は一切使わずに作っている。野菜、果物、きのこは、自給用として農園メンバーが必要なだけ持ち帰る。残りは、ワイナリーでの食材として納入し、食の杜内に設けられた無人直売所で販売する。農産物の収穫が少量多品目かつ不安定であるため、安定した収入源を目指してどぶろく特区を取得し、メンバーの一人が杜氏となってどぶろくを醸造している。

ダムの水没予定地から移築した茅葺きの家と下流の町部から移築した瓦葺きの家の二つを宿泊・研修施設として利用し、いろりを囲んで交流もできる。問題は、メンバーが高齢化している（二人が亡くなった）にもかかわらず、後継者の目途がたっていないことである。

また、二〇〇六年には地元の地域自主組織「日登の郷」が設立された。その産業部会の協力を得て、茅葺きの家で、室山農園が醸造したどぶろくと地元の人たちが作った田舎料理をセットで提供するバイキング方式のレストランを、春と秋を中心に月四回程度開いている。

②奥出雲葡萄園

旧木次町の農業者・工業者・商業者が資本を出し合い、設立した。代表は木次乳業の佐藤貞之社長だが、実際の運営はワイナリー工場長の安部紀夫に任されている。食の杜内に自社ブドウ園をもち、周辺農家の契約葡萄園で栽培されたブドウと合わせて原料とし、本格的なワインを製造する。ワインの年間出荷量は約五万本ときわめて小規模だが、品質には定評があり、ファンも多く、数々の賞を獲得してきた。

「ワインは農産物」が安部の持論で、原料となるブドウを健康に育てることが基本になる（木次乳業が生乳の質を重視しているのと同様である）。そのため、ワイナリーのスタッフ全員がブドウ畑で生産に参加する。ワイナリーに併設されたゲストハウスでは、地元食材（室山農園の野菜、杜のパン屋のパン、豆腐工房しろうさぎの豆腐、大石葡萄園の生食用ブドウ、木次乳業の牛乳・チーズ・ヨーグルトなど）を使った食事と、好みのワインが楽しめる。ワインやジュースの販売は、併設された販売コーナーと注文を受けての宅配便が中心である。当初から儲けを第一目的とはしていなかったが、近年は単年度収支が合うようになってきている。

③大石葡萄園

ブラックオリンピアという品種を中心に、七〇aの生食用ブドウ栽培に取り組んでいる。当初から、農薬や化学肥料を一切使わず、近年はさらに進んで、「過度に作物に手を掛けるのではなく、厳しい環境のなかで耐えて自ら成長しようとする作物を手助けする」という自然農法の考え方で栽培している。販売は、農園での直売と、注文を受けての宅配便が中心である。

④豆腐工房しろうさぎ

水は室山の伏流水、大豆は島根県産を含む一〇〇%国産のタマホマレ、国産の天然塩のにがりを使う。一般的な豆腐作りに使われる消泡材は用いない。揚げ物には出雲市の景山製油所の圧搾法で搾った有機栽培の国産菜種油を使用するなど、本物の原料にこだわった高品質の豆腐が特徴である。販売は、斐伊川流域を対象に、消費者へ直接配達するとともに、小売店にも卸す。配達範囲は広く、雲南市、出雲市、松江市ばかりでなく、最下流の安来《やすぎ》市にも配達している。

⑤杜のパン屋

経営者は、室山農園のメンバーでもある。五年間の修業を経て開業した。おもに国産の小麦粉、室山農園メンバーである宇田川養鶏の有精卵、木次乳業の牛乳と材料を厳選し、食べた人が元気になるパン作りを心掛けている。週末には、店のパンを使ったサンドイッチやコーヒーなどを提供する杜パンカフェも開く。将来は自家製の小麦によるパン作りを目指しており、裏庭ではイガチクゴオレゴンという品種を試験栽培している。また、大石葡萄園のブドウを原料として培養した酵母菌を試験的に使うなど、地域自給の実践に着実に取り組んできた。

売り上げの約半分は、食の杜内の製造所に併設されている販売コーナーでの店頭売りである。残りは、斐伊川流域各地のカフェ、保育所(給食)、個人や事務所への定期配達、小売店への販売委託など。店頭売りの顧客(約四〇〇人)は、雲南市内が七~八割、残りは流域内の奥出雲町、松江市、出雲市などだという。

食の杜の到達点

各生産者たちは、地域自給と斐伊川流域自給が目標である。生産・加工・流通・販売にあたって、必要な資材の調達先や生産物の販売先について、可能なかぎり地域内・流域内を基本としようと努力してきた。

販売先については、いずれも斐伊川流域内が基本である。問題は、流域内に希望する調達先がない原料や資材があり、循環が完結できないことである。たとえば、豆腐の主原料である大豆の最適品種タマホマレの産地は、流域内にはない。やむを得ず、島根県産を含む国産タマホマレを使っている。また、パン用小麦の最適品種イガチクゴオレゴンも地元産はほとんどない。ともに、将来は流域内での委託生産や自家栽培に挑戦したいという希望をもっているが、現状では困難である。

こうした課題を残しながらも、その他の三組織は、忠吉がかつて、自ら生産した生乳を加工処理し、消費者に直接販売することによって大きな喜びを感じたように、原料生産から加工・流通・販売まで自らが直接担当し、ほぼ流域内で完結している。上流から下流までの資源循環を考えた自然と経済のあり方を追求し、実現していると言ってよい。

さらに、生産(加工)された食材を奥出雲葡萄園のゲストハウスや杜パンカフェでのメニューに提供し、食の杜内で最終消費まで進めようとしてきた。忠吉は「食の杜にはフランス料理のフルコースが食べられるだけの生産物が生産されており、奥出雲葡萄園のゲストハウスで提供可能である」と述べている。

流域内の生産者も消費者も地域自給を前提とした範囲内での食を楽しみ、農の豊かなあり方を実感できるモデルとしての食の杜が実現しつつあると言えよう。そこでは、自給＝貧しい食事ではない。フランス料理にも使えるような高い品質の食材(しかも、自然に反した生産方法は一切行わない、安全・安心な食材)で作られた食事が、ワインとともに手軽に楽しめるのである。

6　流域自給圏安定に向けての課題と新しい可能性

ここでは、とりわけ重要と思われる三つの課題と新しい可能性について言及したい。

酪農家の経営安定と増頭問題

木次乳業に生乳を出荷する酪農家の数が減少する一方で、全飼養頭数と平均飼養頭数は増加傾

図1-1 木次町と吉田村の平均乳牛飼養頭数の推移

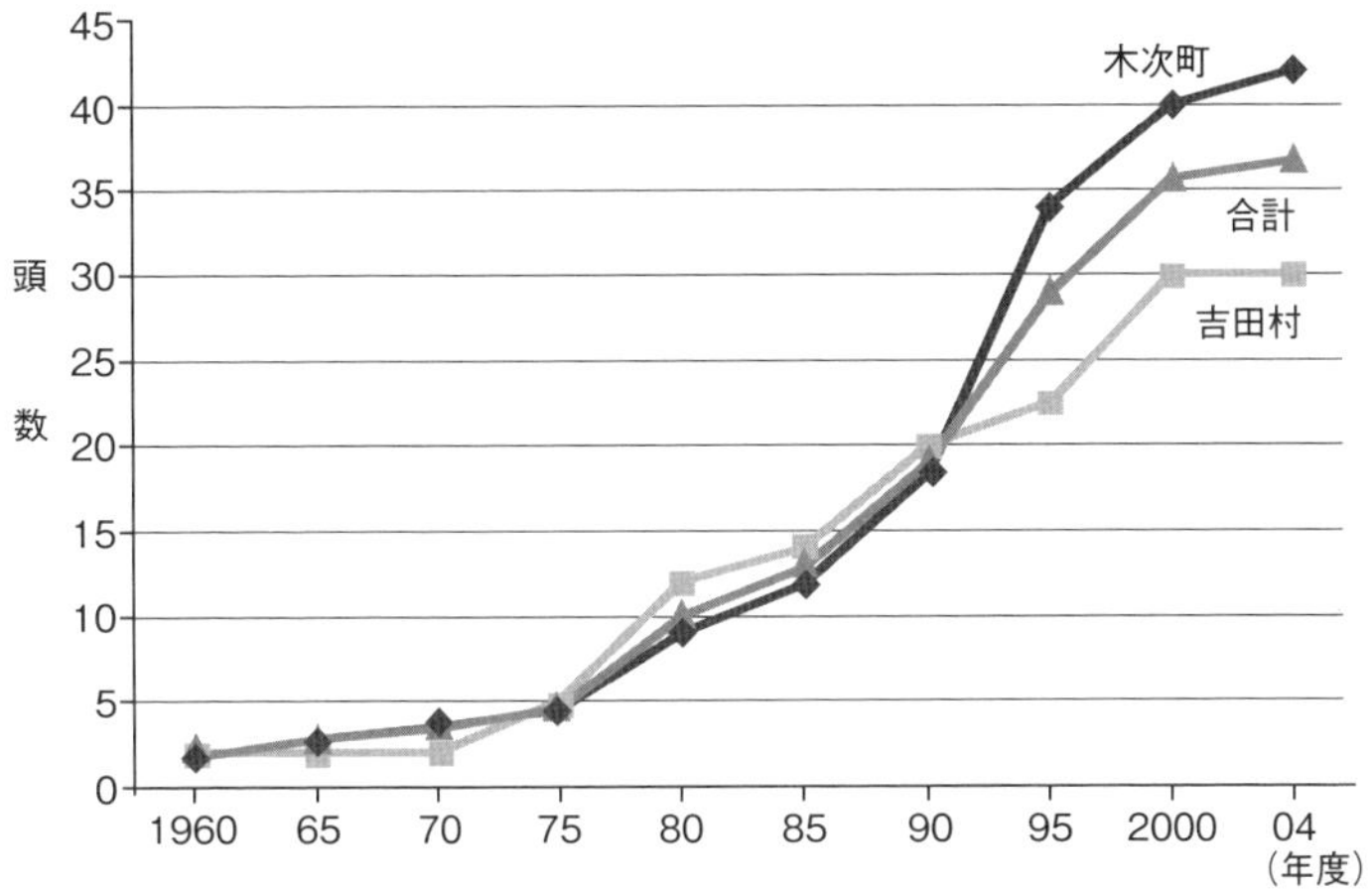

（資料）「島根農林水産統計年報」（各年度版）。

向にある。木次町と吉田村を合わせた酪農家の平均飼養頭数の推移をみれば、一九八〇年代初頭に平均一〇頭を越え、九〇年代初めには二〇頭を越えた。さらに、九〇年代なかばには三〇頭を越え、二〇〇〇年以降は三五～三六頭前後で推移している（図1―1）。

限られた家族労働を前提とすれば、乳牛に野草など自分が食べさせたい餌を十分に与えられる飼養頭数は一二～一三頭とされてきた[16]。すでに、その数値を大幅に越えている。小規模有畜複合経営における酪農としては、かなり無理をして増頭しているように見える。とりわけ、近年の木次町酪農家の飼養頭数増が目立つ。

小規模自給的な酪農経営を成り立たせながら、無理なく増頭していくためには、個々の経営内努力だけでは難しくなってきているように思われる。この課題については、木次乳業との連携によって対応してきている。すなわち、木次乳業は近年、斐伊川流域各地に草資源を確保し、収穫した牧草や野草の酪農家への安定提供に力を入れているのである。こうした下支えによって、各酪農家が飼養頭数増に対応可能となっているものと思われる。近年の酪農家の戸数がとりあえず安定しているのは、そうした木次乳業の努力の成果であろう。

今後の課題は、各酪農家の経営安定と飼養頭数増がどこまで可能か、さらには経営者の高齢化に対して後継者の確保がどこまで可能かであろう。

流通担当組織の再構築

一九九一年に設立された風土プランは、「健康な食べものを通じて社会に貢献することを目的に、有機農産物生産者と加工者が一体となって作り上げた」流通を担当する組織であった。有機農業に取り組む際の最大の困難は、生産もさることながら、生産物をいかに消費者に結びつけるか、その安定的ルートの確保である。

生産者自身がそれを担うことは不可能ではないが、たいへん困難である。したがって、生産と消費とを結ぶ風土プランのような流通組織の果たすべき役割は非常に大きい。風土プランが順調に展開し、力をつけて、地域内・斐伊川流域内の有機農業生産者、各種の加工業者にとって頼りになる存在となることが期待されていた。

しかし、風土プランは二〇〇七年一〇月以降、事業活動を休止している。現在はその役割を木次乳業がカバーしているが、かつて風土プランに期待された役割をどのような形でどのような組織が行うか、検討すべきときに来ていると思われる。

世代交代と加藤教育の継承

すでに示したように、木次を中心とする有機農業運動を中心的に担った人びとの多くは、加藤歓一郎の教育の影響を受けていた。木次の有機農業運動に対して彼が果たした役割を総括し、いかにして現代に再現するかは、酪農家ばかりでなく、この地で農家の後継者をいかにして育てるかという問題と同義である。

加藤教育の影響を受けた人びとは高齢化し、亡くなった人もいる。このまま放置すれば、加藤教育は確実に風化してしまうものと危惧される。時代錯誤に陥ることなく、加藤教育の精神をいかに現代に蘇らせ、これからの時代に向けて活かし、継承できるかは、大きな課題である。

新しい可能性としての「むろやま忠庵《ちゅうあん》」

「むろやま忠庵」は、二〇一二年四月に完成した、室山農園に属する研修棟の愛称である（一時別名称で呼ばれたこともあるが、類似呼称の施設があることが判明。忠吉の思い入れがある施設として、自然にこの名称が使われるようになった）。「出雲造り」と呼ばれる出雲地方独特の建築様式による、風格のある純木造建築ホール（約一一三㎡）である。材料には、忠吉が長年収集・保管してきた地マツやケヤキの大木がふんだんに使われている。忠吉念願の、自前の建築物である。

メイン空間のフローリングにはスギのムク板が使われ、五〇人程度の集まりが開けるため、多様な目的で利用されている。これまでに、映画会、講演会、ミニコンサート、操体法講習会、学習・研修会、各種の交流会などが行われた。

とりわけ注目されるのが、Uターン・Iターンしてきた若者たちの参加・利用が多いことである。近隣地域を中心に有機農業に取り組む若者たちが集まり、交流しつつ、映画や音楽を楽しむ場となっている。まだ完成後一年程度なので未知数の部分はあるが、斐伊川流域の有機農業を目指す多様な人びとが世代を超えて集まり、学習しつつ交流する場としてうまく機能すれば、流域自給圏の充実と有機農業運動に大きな役割を果たす可能性があると思われる。期待したいところである。

(1) 加藤から大きな影響を受けたのは、大坂はじめ、後に町長として地域をあげて有機農業に取り組む土台をつくった田中豊繁、日登聖研塾への参加を契機に大坂から強く勧められて平飼い有精卵養鶏に取り組んだ仁多《にた》町(現・奥出雲町)の宇田川光好、戦前の阿井青年学校で加藤の指導を受けた山本信夫らがいる。忠吉はクリスチャンではないので、直接的に影響を受けたとは言えないかもしれないが、同志として行動をともにした大坂や酪農仲間であった田中豊繁、新制日登中学校の三期生であった田中利男・初恵夫妻、後に結成される室山農園のメンバーとして参加する板持勲《いたもちいさお》ら加藤の教え子たちから、加藤の教えが身についた生き方や考え方の影響を受けている。なお、ここにあげた九人のうち六人までが、後に室山農園の構成メンバーとなった。

（２）有機農業の実践のために、各種の農法（カブトエビ、マガモ、コイによる水田除草、輪作体系の稲作（田畑輪換）、レンゲ草のマルチなど）を、地域の人びとの嘲笑を受けながら試みている。

（３）食べものの質や食べ方によって、病気の予防・治療を図ろうとする考え方。

（４）細目として次の五つの具体的課題があげられている。①昔ながらの機械的搾油工場による油使用の啓蒙運動、②自給作目としての油菜の裏作栽培の復活運動、③椿実でもっとも良質油の採油方法の技術維持のため試験搾油実施、④ＤＤＴ、ＢＨＣの多使用地域より輸入されるゴマを内地生産し、清浄なゴマの生食奨励、⑤コレステロールの少ない紅花試作。

（５）傾斜地の多い土地条件を活かした日本型放牧酪農。

（６）パスチャライズとは、細菌学者であったパスツールがワインの腐敗防止法を研究中に発見した殺菌法である。パスツールは、有害菌を抑え、有用菌が生き残る温度帯と殺菌時間を明らかにした。牛乳の場合、六〇℃三〇分などの低温殺菌処理が行われた後、乳脂肪球の均質化（消化吸収しやすくなる）を図るためのホモゲナイズという過程を経たものをパスチャライズ牛乳と呼び、この過程を通さないものをノンホモ牛乳と呼ぶ。したがって、生乳を搾って低温殺菌しただけのノンホモ牛乳が、もっとも自然に近い牛乳になる。搾った生乳にできるだけ人工的な処理を行わずに製品化するためには、原乳の細菌数を極力抑えた清浄化が不可欠である。その実現は、湿度の高い山陰地方の風土のもとではきわめて困難だとされた低温殺菌牛乳の生産が可能な乳質にまで搾乳衛生管理に取り組んで、原乳の質を高めた酪農家たちの努力のたまものだと言える。当然ながら、木次乳業のパスチャライズ牛乳やノンホモ牛乳には、一定の基準を満たした生乳のみしか使用できない。なお、低温殺菌牛乳は、高温殺菌や超高温殺菌などに比べ、牛乳本来の栄養成分などが失われていないものとして評価されている。

（7）単なる食べものではなく、あるべき食べものを〝たべもの〟と表現している。後述する「たべもの」の会という名称にも、そうした意味がある。

（8）一九八一年秋ごろについてみれば、「島根経済連は一元集荷体勢をとっている。そのため農家は伝票上、すべての原乳を経済連に平均キロ一一五円前後で売る。木次乳業はそれを一二五円前後で買い戻す」。つまり、原乳価格の農家手取りは、キロ一〇円の上乗せとなるよう工夫している（「低温殺菌牛乳から広がる連帯」『地上』一九八一年一〇月号）。次期にはさらに、優良牛の配布、ヘルパー要員の確保と低料金での派遣を行うとともに、消費者から贈与された乳牛の乳首の清拭用タオルの配布や搾乳衛生指導なども徹底している。これらの支援・指導は、中小規模酪農経営を支えるとともに、乳質の維持・向上に不可欠のものである。

（9）一九七三年には加茂酪農組合、仁多町三成《みなり》の恩田牛乳と、七五年には横田酪農組合、宍道《しんじ》酪農組合と、七七年には吉田酪農組合と、それぞれ業務提携を締結している。木次乳業は生乳の処理を全面的に引き受け、各組合などには販売協力を依頼するという形を取った。

（10）一九七〇年代初め、木次乳業の生乳処理量は二〇〇cc入りビンに換算して一日二〇〇〇本程度であった。しかし、一九七六年には五〇〇〇本、七七年には八〇〇〇本、七八年には一万本、七九年には一万三〇〇〇本と、急速に処理量が増加している。

(11)　忠吉と大坂は二人で山林を借り、立木を伐り透かして(対象山林の立木を皆伐するのではなく、傾斜地保全や放牧牛の休憩のための日陰づくりなどに必要な立木は残すように選木して伐採)、放牧地を開設した。斜面には野芝を植え、ブラウンスイス種を導入する。一九九〇年から放牧・搾乳を始め、同年中に農事組合法人日登牧場を設立した。

(12)　農業者、医師、建築士、福祉施設経営者、酒造技術指導者、現・元大学教員、現・元木次乳業社員、主婦など(当時)。

(13)　木次町は一九六六年に『健康の町』を宣言して以来、一貫して住民が健康で生き生きと暮らすことのできる町づくりを進めてきた。一九七二年には「木次緑と健康を育てる会」(木次町農業委員会、木次町農協、木次有機農業研究会／指導＝島根大学・渡部晴基)も結成されている。田中町長はその集大成としての健康農業推進の拠点づくり構想を、この大規模農道工事と連動させようとしたのである。なお、田中町長は就任直後の一九九〇年に、「きすき健康農業をすすめる会」を設立した。これは、「町が仲立ちをして「健康農業」を提案し、完全無農薬は困難であるが徐々に地域全体を健康によい農業に誘導していく方針を打ち出したものである」。木次町の有機農業が全国的に知られるようになったにもかかわらず、一方で大半の農家は依然として近代農業を行っており、長年両者に接点がなかった状態を打開したいと考えたのである。こうした町の健康農業・有機農業支援政策のなかから、学校給食への地場の有機・減農薬栽培野菜の供給が始まった。給食用の食器についても、プラスチック製から高強度磁器やステンレス製に切り換えた。これらは田中町長の大きな業績である。

(14)　室山農園成立のいきさつについて、忠吉は以下のようにまとめている。「それは、一言でいえば、『夢の茗荷村をこの地に望む』ということだった。(中略)彼(田中利男：井口注)はある時茗荷村(田村一二氏が提唱された障害者と健常者が共生する架空の村の呼称：井口注）の考え方と存在を知り、是非この地にも、との願いをもった。（中略）地元の私達は、その仕事の並々でない困難（日登牧場で体験済みであった）さを説明し、まずその地を新しい時代をつくる試みの場にすることから始めようと提案した。その計画を知った人々一五名から、それぞれの分に応じ、予想を超える多額の金、物、協力が集まった。まさに貨幣経済社会ではかれない新しい世界を思わせるものがあった。こうした人々の思いをもって室山農園は成立し、現在模索を続けているところである」（第二八回日本有機農業研究会しまね大会実行委員会編『新しい流れを島根から（大会資料集）』二〇〇〇年二月）。

（15）なぜ、こうした「ゆるやかな共同体」が自然にできるのか。おそらく、それは、かつて木次乳業において忠吉の薫陶を受け、共通認識をもつ者が、各組織の責任者になっているからであろう。ワイナリー奥出雲葡萄園の工場長・安部紀夫、大石葡萄園の大石訓司、杜のパン屋の雨川直人がそうである。また、豆腐工房しろうさぎの三上忠幸は、埼玉県にある豆腐店で国産大豆と天然にがりを使用した豆腐作りの基本を三年間みっちり仕込まれている。本物を追求する厳しい個人商店で鍛え上げられているので、食べものに関する考え方は他の組織と共通している。室山農園は一五人のメンバーで協議して運営しているが、基本的な方向は田中利男と忠吉の初期の理念に沿ったものである（初代代表の田中利男は二〇〇九年七月に惜しくも亡くなった）。

（16）たとえば大坂は、「肥料で作った牧草は目で見る所は良い様ですが一種類か二種類です。しかし雑草は何十種類もあってそれにミネラルを充分にふくみます。こうしたものを食べさすにはせいぜい一二～一三頭位が適当と思われます」（「たべもの」の会編『あゆみ』一九七八年一一月）と書いている。

第2章　地域資源を活かした山村農業

相川陽一

1　山村に根ざした農のあり方

日本海から吹きつける北風と雲は、山々に当たって雪を降らせ、春の訪れとともに、雪解け水は里へ下り、田畑から川を伝って海へと還る。海は再び、北風と雲を中国山地へ寄せていく。山村に生きる人びとは、人の手で作られた水路を介して、山と田畑のつなぎ手となる。田畑も人も天水で生（活）きる山村は、海と陸が水の循環でつながっていることを肌身で感じ取れる場でもある。

「今年は雪が多かったけえ、田に水があるよ」

「今年は雪が少ないけえ、田の水が心配じゃ」

農家は、雪の降り方で、春からの稲作風景を思い描く。水は天と山からもらうもの、という生活感覚が活きている。

筆者は、二〇〇九年八月より二〇一三年三月まで、島根県浜田市弥栄《やさか》町（旧那賀《なか》郡弥栄村）に暮らしてきた。西中国山地の一角に位置する人口一五〇〇人ほどの山村である。山あいの小さな田畑では、いまや平野部では見かけなくなった手押しの田植え機やバインダー、管理機が現役で動いている。丁寧に田を作りたいからと、あえて小さな田に手で苗を植え、鎌で稲を刈る人も見られる。高度成長期を境に平野部や都市近郊農村では忘れ去られていった農業が活きている。

弥栄では、里山を活用する農業がいまも営まれている。春から秋にかけての農繁期に里を歩けば、畦の草や山草を刈り、田や畑に敷きつめ、すき込む農家がいる。秋ともなれば、むらのあちこちに神社祭りののぼりが立ち、稲を天日で乾燥させる稲架《はざ》か《》けの風景が広がる。八〇歳を超えて、山草や落ち葉堆肥、草堆肥を使った一反(一〇a)畑を営むおばあさんがおり、週末には、街から野菜を取りに通う子や孫の姿を見かけることもある。

斜面の多い山村では、平らな土地は貴重である。人びとは貴重な平地を田畑に譲り、山すそに張りつくように家を建てた。山を背負った家まわりの自給畑では、「農業近代化」の波に洗われながらも生き残ってきた、「ふだんぎの有機農業」とも言うべき、落ち葉や刈り草を利用する自然の循環を重視した素朴な自給農の営みが息づいている。

山村自給農の世界は、高度成長期に多くの他出者(離村者)を見送りながら、長きにわたって農を営んできた世代(とりわけ「昭和ひとけた世代」)によって支えられてきた。彼らの引退が間近に迫るなかで、近年、山村に魅力を感じ、自給的な暮らしを営みたいと移住する若者が、少しずつ増えている。そして、行政機関と在村農家と移住(就農)者が連携して自給的な農の営みを受け継ぐ活動が、島根・山村の一角で始まりつつある。

平野部や都市近郊地域ではなく、あえて山村を生きる場に選んで移住し、山や農にかかわって生きることを希求する若者たちは、山村という地域がもつ固有の魅力を映し出す〝鏡〟のような存在である。彼らと在村者が出会い、両者が互いに大切にしたいと願う暮らしの共通点を模索しながら、葛藤を介して相互変革に向かうとき、山村自給の営みは、やがて消えゆくものとしてではなく、新たに始まりゆくものとして再生していくのではないか。

そのとき、街から帰郷者や移住者を迎え入れる在村者は、何を心の支えとして、「ここで一緒に暮らそう」と、街に呼びかけていけばよいのだろうか。応えは、足元の自給の営みにある。本稿では、弥栄における山村自給農の営みを手がかりに、「ふだんぎの有機農業」の継承と山村再生への可能性をさぐっていきたい[1]。

2　小規模・分散・自給・兼業の価値を見直す

小さな農家の意義

日本の国土面積の約七割は、山村地域（中山間地域[2]）が占めている。この広い地域は、小規模・分散型の農地・人口構造をもち、高度成長期以前までは、小規模な農業と山に関わるさまざまな生業との兼業による多職的な生業世界が展開されていた。[3] 小規模・分散型の農地・人口構造のもとでの兼業・自給中心の暮らしが、当地域の歴史に根ざした暮らしのあり方である。

こうした構造特性をもつ地域に対しても、平野部や都市近郊農村をモデルに構築された大規模・集約型・単作型の発想に基づく農業振興策が適用されてきた結果、初期条件の異なる地域間に、単一の規範に基づく競争が生じていった。初期条件の異なる地域間の競争において、山村地域の地域特性は不利条件に転化する。山村は、経済的な面でも、人びとの価値意識をはじめとする文化的な面でも、劣位とされる構造内に置かれていった。[4]

山村に暮らす人びとにとって、この半世紀は、過疎化の中で、なお山村に暮らし続けることの前向きな意味を、たえず問われてきた歳月でもあったのではなかろうか。そこで看過されてきたのは、「広大な山と小さな田畑」という小規模・分散型の農地・人口構造のもとで、山を活用しながら農を営み、自給して生きることへの肯定的な意味づけである。したがって、山村の自給世界の再評価と再生は、自給技術の継承という水準にとどまらず、山村に生きるという営為それ自体の再評価と再生を伴うだろう。

山村の地域自治は、小さな農家の連合体である集落を基礎単位として成り立ってきた。このような地域特性をもつ山村では、少数の担い手農家（専業農家）に農地を集約して大面積を耕作する農地維持方式がスケールメリットを発揮しがたい面がある。

地形に沿って形成された集落を基礎単位として暮らす小さな農家が、個々に連携しながら地域農業を維持する方策が、地域構造に根ざした農業政策として官民双方で検討されていく必要もある。近年、注目を集める集落営農も、大規模・集約型の発想ばかりでなく、農家構成から見れば多数を占める兼業農家や自給農家が果たす社会的役割を認識したうえで、農家戸数を減らすのではなく、小さな農家の役割を残し、小さな農家の協力によって地域維持を図っていく方策が検討されるべきだろう。それが、山村地域に根ざした地域維持のあり方ではなかろうか。

向都離村から離都向村へ

弥栄に暮らしていると、近年、都市に他出した人びと（他出一世）や都市で生まれ育った彼らの子どもや孫世代（他出二世、三世）による帰郷（Uターン）や移住（Iターン）の動きが活発化していることに気づかされる。たとえば二〇一一年には、筆者が常駐フィールドワークを介して把握した限りの人数だが、人口一四九四人（二〇一〇年国勢調査）の弥栄に、少なくとも、一一世帯一七名が移住・帰郷した（うち一名は一二年に県外へ転出し、一三年三月現在で一〇世帯一六名が在住）。

移住・帰郷した人びとを年齢層でみると二〇代〜四〇代が一二名と多数を占めており、他は一〇代一名、五〇代二名、幼児一名である。移住者のなかには、自身は弥栄出身ではないが祖父母が弥栄在住という二〇代が一名おり、移住（Iターン）や帰郷（Uターン）といった既成のカテゴリでは包括しきれない多様さをもつ。二〇一一年三月一一日の東日本大震災を契機に移住を試みた者もいる。このようなペースでの移住・帰郷が今後も持続するか否かは未知数だが、向都離村から離都向村への動きが静かに起きつつあるのかもしれない。

しかし、彼らを迎える側の在村者には、長い過疎の時代(それは農業の産業化の時代でもあった)を経るなかで、自給をベースにした山村農業の価値を他律的に否定され、山を活用して暮らす生活文化への矜持を失いつつある人も少なくない。一九六〇年代なかばに弥栄村(当時)に調査に入った安達生恒氏は、「過疎状況」という言葉で、むらに暮らす人びとの社会関係とメンタリティーの変化を捉えた。安達氏は「挙家離村が一つの地域に大量かつ集中的に生じた結果」、生産と社会生活に関する秩序やむら社会が崩壊し、「住民の意識がいちじるしく孤立化し、疎外されること」を指して「過疎状況」と呼んだ。そして、このように指摘した。

「日本の農民は一般に〝資本〟によって疎外されているのだが、そのような一般的疎外に加えて、過疎地域の農民は普通の農村や農民という彼ら自身の〝仲間〟からも疎外されているからだ。したがって、過疎地域の農民にとって、疎外は二重なのだ[5]」

安達氏の指摘から約半世紀が経過したいま、住民の社会関係とメンタリティーの双方における過疎状況は、深刻の度を増したようにみえる。だが、弥栄は深刻な過疎が生じてきた地域であると同時に、過疎が全国的に問題化された一九七〇年代初期より、都市生まれの若者たちが移り住んできた山村移住の先進地でもある[6]。危機に直面して、村は移住者との葛藤を介した共生を選んだといえる。

大規模産地や大都市近郊地域ではなく、あえて山村を選んで移住する人びとが求める暮らしは、山村に暮らす人びとが守り育ててきた暮らしのあり方と一定の共通性をもつ。その一つが「広大な山と小さな田畑」という地域条件に沿い、自給して生きる志向である。自給という生き方こそ、いま山村に移り住む者と迎える者の双方が大切にしたいと考える暮らしの共通項である。そして、山村に息づいてきた山を活用する自給農業は、山村の地域資源を活用する有機農業であり、実践者自身は有機農業と自称することなく、営々と続けられてきた「ふだんぎの有機農業」である。

山村自給農の意義

なぜ、自給農という営みが、それも地域自給が、山村の地域再生において重要なのか。先行する実践者と研究者に学びながら確認していきたい。

弥栄から約五〇キロ西に位置する鹿足《かのあし》郡柿木《かきのき》村（現・吉賀《よしか》町）で村役場に勤めながら自給的な有機農業を営んできた福原庄史氏（現・NPO法人ゆうきびと代表）は、山村自給農の意義をこのように指摘する。

「食べものの商品化。つまり、それは規格化して、如何に換金するかということです。そうなると、この村には商品化できるものがないんですよ。生きるための食べものは、沢山あるんです。生きていくために必要な食べものは沢山ありますが、商品化できる農産物はない。商品化するという視点では、村の暮らしを放棄することになるんです」

「限りなく我が家で必要な食べものを生産し、その食べものの余剰を消費者に供給していく。そうすると、自分や村を中心にものが見えてくる。それが大事なんです[7]」

ここでは、食べものやエネルギーを地場でまかなうという物質面の欲求充足行為にとどまらず、山村に暮らす人びとが自身の暮らす地域を基点に自他を認識する自主独立の気風の源泉として、自給が位置づけられている。

自給という行為は、孤独な自給自足の営みではない。そして、自給を地域ぐるみで進めていく意義も、食べものを近場で手に入れるという文字どおりの意味にとどまらない社会的な意義をもつ。商品生産のための農業ではなく、自給をベースにした生活型農業を日本農業の一つの柱として打ち出す中島紀一氏は、官民双方で多用される地産地消という言葉を、単に「地元で穫れたものを地元に流通させていくという流通の概念」ではなく、農業の価値を地域社会で共有するための営みとして再定義する。

「新しい地産地消の動きは単に流通にとどまらず、地域自給の重視としてとらえられるだろう」「暮らしや自給が地域のなかで見つめ直されていけば、農業の存在意義も自然の価値も、その地域の住民に認められるようになる[8]」

地域自給の営みは、農業者と非農業者をつなぐ役割も担うのである。

山村自給農の意義を描出する既存研究には、「商品生産からたべものづくりへ[9]」を掲げて農の営みを地域社会の構造内に埋め戻そうとした吉田喜一郎氏らの地域社会農業論や、「都市は農山漁村に優越する存在ではなく、農山漁村の自給力に依拠してはじめて存在しうるのだ」という認識を出発点とした多辺田政弘氏らの地域自給に関する共同研究などがある。[10] 多辺田氏は、山村自給農を研究する現代的意義を、こう述べている。

「商品を媒介とする市場システムの拡大＝フローの増大は、地域自給システムの破壊を通して、結局〈ストック〉の破壊＝生存の条件の基礎の破壊を推し進めてきたことに気づいたいま、もう一つの生存の道を〈脱商品化〉を通しての地域自給経済の再生の可能性へと構想することは、時代錯誤とはいえまい[11]」

筆者の山村自給農研究も、こうした系譜に連なっていきたい。これらの先行研究に学びながら、有機農業の現代的展開をふまえて、行政機関との協働という論点が、いま新たに考察されるべき課題として現れている。

吉田氏や多辺田氏らがさかんに研究成果を発表していた一九八〇年代には、有機農業への取り組みは民間レベルで各地に広がりつつあったが、行政機関や研究機関の取り組みは、ごく一部に限られていた。二〇〇六年に有機農業推進法が制定されて以降、都道府県レベルでは有機農業推進計画の策定が進んだが、市町村レベルでの策定はこれからという状況である。日本における有機農業の振興は民間活動として長らく展開されてきた。この経緯をふまえ、有機農業振興に行政機関が関わる際には、行政と民間の協働というよりも、先行する民間活動の成果に行政が学び、協働していくというスタンスが必要だろう。

筆者も、行政機関(島根県)の研究所のスタッフとして、弥栄で常駐型フィールドワークに取り組んできた。このような研究が可能となった背景には、有機農業推進法以降に訪れた「有機農業第Ⅱ世紀」と呼ばれる時代状況がある。[12] 同法によって、少なくとも都道府県レベルにおいて、有機農業の推進体制が、地域差はあれ、少しずつ整備されてきた(民間レベルの取り組みがはるかに先行していることは言うまでもない)。

弥栄で筆者が取り組んだ諸活動のなかで、とくに力を入れてきたのは、「当たり前のこと」として自明性の領域のなかにあった山村自給農の意義を可視化させ、その世代継承に向けた動きをつくっていくことだった。それこそが、大産地や大都市近郊地域ではなく、山村地域を選んで移住する人びとが、在村者との間に共生関係を創出するために必要な山村再生の条件だと考えてきた。以下、弥栄における山村農業の概要を記し、とりわけ山村自給農の営みを取り上げて、山村の地域構造に逆らわない農の営みの継承可能性を考察していく。

3　弥栄の概要

地勢と沿革

浜田市弥栄町(浜田市弥栄自治区)は、標高一〇〇〇メートル未満の低山が連なる島根県西部の石見《いわみ》地方に位置し、浜田市を構成する地域の一つである。標高約一〇〇〜五〇〇メートルの間に二七の集落が点在する。気候は冷涼で、一二月から三月にかけて、まとまった降雪がある。

旧弥栄村は、一九五六年に安城《やすぎ》村と杵束《きつか》村の二村合併によって発足した自治体である。二〇〇五年に他の那賀郡三町とともに浜田市と合併し、浜田市弥栄自治区（住所表記は弥栄町）となった。総面積は一〇五・五㎢、林野率は八四・九％に及ぶ（「二〇一〇年世界農林業センサス」）。二〇一〇年時点の総人口は一四九四人で、一九六〇年代初頭期より約三分の一に減少した（二〇一〇年国勢調査）。二〇一一年四月一日時点の高齢化率は四二・九％で、二七集落のうち一二は五〇％を超え、六は世帯数六戸以下の小規模・高齢集落である（住民基本台帳）。人口減少と住民の高齢化によって、社会的共同生活の基礎単位となる集落の自治機能が低下し、縁辺部の限界集落化が進行している。

高度成長期までの弥栄では、広大な山林と小規模・分散型の田畑を活かした多職的な生業世界が展開されていた。近代以前は、川から砂鉄を採り、山中で鉄を精錬する「たたら製鉄」が長く続けられ、精錬に使用する木炭生産もさかんだった。明治期の近代製鉄業の開始以降、たたら製鉄は衰退したが、その後も木炭製造は継続され、石油やガスへのエネルギー転換が起きるまでは、山に関わる多様な生業を組み合わせた暮らしが展開されていた。

しかし、エネルギー転換に伴う木炭需要の減少や一九六三（昭和三八）年の「三八《さんぱち》豪雪」と続く豪雨災害などを契機に、出稼ぎや挙家離村が始まる。五〇〇〇人前後で安定推移してきた村総人口は急減し、六〇年から六五年にかけての人口減少率は三四・八%を記録し、島根県内でもっとも減少率の高い地域のひとつとなった。同時期の旧那賀郡町村の人口減少率の平均は一七・四%であり、弥栄の人口減少は近隣と比較してもとりわけ急激だったことがうかがえる。当時村内に二つあった中学校の一九六五年度の卒業生のうち、卒業時点で村に残ったのはたった二人だったという(13)。

山に関わる生業の衰退に続いて、一九七〇年代より、地域の産業構造は土木建設業を主とする公共事業への依存度を強め、小規模な農業を営む住民の兼業先は土木建設業へと移行した(14)。一九八〇年代には、一時的に椎茸生産がさかんになる。原木椎茸は村で数少ない「一億円産業」として村民の期待を集めた。現在三〇代で、一九八〇年代当時に小学生だったある住民(浜田市弥栄支所職員)は、当時教師から、将来は椎茸栽培に従事することを勧められたという(二〇一〇年七月、筆者聞き取り)。

だが、椎茸産業も外国産品の輸入増などにより衰退し、一九九〇年代には公共事業も減少した。夏場に農業を営み、冬場に公共事業で賃金を得る就業形態も、変容を迫られているのが現状である。

農業センサスからみた弥栄農業

弥栄の農業の特徴は三点ある。第一に、戸別の経営面積が比較的小規模であること。第二に、多くの農家は自給農業や直売所などでの販売を通じて少額の収入を得る兼業農家であること。第三に、小規模な兼業農家や自給農家が地域農家の主力であり、農地面積では水田が多くを占めるが、畑で多品目が栽培され、林産物も利用されていることである。まず、農林業センサス（以下「センサス」）に基づいて弥栄農業の特徴を確認し、続いて、島根県中山間地域研究センターやさか郷づくり事務所が二〇一二年一月に実施した弥栄全戸への調査票調査（以下「弥栄調査」）の結果に基づいて、地域農業の特徴を把握していきたい。

初めに、センサスデータから農地面積を確認する。弥栄の経営耕地総面積は、一九七〇年時点では六三四haあり、二〇一〇年には二五七haに減少した。二〇一〇年時点の一経営体あたりの平均経営耕地面積は、約一・三haである。水田の総面積二三五haに対して、水田のある経営体数は一九〇戸あり、平均水田面積は約一・二haである。畑の総面積は二〇haで、畑のある農家数は一二九戸あり、平均畑面積は約一五・五aと小規模である（センサスの調査対象については九四ページ参照）。

次に、専兼業別の農家の推移を確認していく。一九六〇年時点の農家構成は、専業農家二三六戸、農業が主の第一種兼業農家が五一七戸、農業が従の第二種兼業農家が一三六戸であった。機械化や大規模化、兼業化の進行に象徴される「農業の近代化」を推し進めた農業基本法（一九六一年）の制定以前から、兼業農家が多くを占めていたことがわかる。二〇一〇年時点の総農家数は二八四戸で、うち販売農家（経営面積三〇a以上または年間販売金額五〇万円以上）は一八八戸、自給的農家は九六戸である。販売農家のうち、専業農家五一戸、第一種兼業農家一九戸、第二種兼業農家一一八戸である。主副業別に見ると、主業農家二七戸、準主業農家五九戸、副業的農家一〇二戸である。

農産物の販売金額規模別農家数をみると、二〇一〇年には、販売農家一八八戸のうち、販売なしが九戸、五〇万円未満が八四戸あり、約半数にあたる。農業のみで生計を立てることを目標にすれば少額である。しかし、兼業農業や自給の延長上に販売を位置づける自給プラスαの農業として捉えれば、無理のない金額とも言える。

全戸調査からみた弥栄農業

続いて、筆者らが実施した弥栄調査の結果から地域農業の実態を見ていこう。

近年のセンサスは販売農家ベースの統計に純化しており、小規模農家の実態把握が困難となっている[15]。また、面積要件や年間販売金額に下限を設けて、経営面積一〇a未満の農家や年間販売金額一五万円以下の層を調査対象外としている。このような調査設計では、小規模農家や自給農家が多くを占める山村の農業実態が不可視化されてしまう。そこで弥栄調査では、調査対象をあらかじめ限定せず、弥栄町内の全六三九戸(二〇一二年一月時点の『広報はまだ』配布戸数)に調査票を配布し、各戸の農業への関わりの有無や栽培面積、栽培品目などを尋ねた。約半数にあたる三一二戸より回答が寄せられ(回収率四八・八%)、センサスとは異なる地域像がみえてきた[16]。

住民の農業への関わりを聞いた設問「お宅では、現在、農産物を育てておられますか（家庭用の自給畑から販売用まですべて）」の回答では、有効回答三〇四戸のうち、「育てている」が二六六戸、「育てていない」が三八戸あった。面積規模や農産物の販売の有無にかかわらず、農業に携わる世帯は二六六戸（八七・五％）にのぼった。これは調査時点の全戸六三九戸の約四割に該当する。少なく見積もっても（非回答戸をすべて非農家と仮定しても）、五戸に二戸が広義の農家である。

表２−1　弥栄調査回答戸の耕地面積（田＋畑＋ハウス＋その他）

面積規模（ha）	戸数	%
0.03 未満	34	13.8%
0.03 ～ 0.1 未満	30	12.2%
0.1 ～ 0.3 未満	41	16.7%
0.3 ～ 0.5 未満	43	17.5%
0.5 ～ 1.0 未満	54	22.0%
1.0 ～ 1.5 未満	20	8.1%
1.5 ～ 2.0 未満	6	2.4%
2.0 ～ 3.0 未満	10	4.1%
3.0 ～ 5.0 未満	6	2.4%
5.0 ～ 10.0 未満	2	0.8%
10.0 ～ 20.0 未満	0	0.0%
20 以上	0	0.0%
計	246	100.0%

（資料）弥栄調査より。

（注 1）2012 年 1 月末時点の弥栄全戸（639 戸）を対象とした調査票調査（自記式郵送法）の返送分 312 戸より作成。全戸情報ではない点に注意が必要である。

（注 2）センサスでは 0.1ha 未満層の多くが調査対象外となり、0.1 ～ 0.3ha 未満層は多くが自給的農家に分類される。

（注 3）無回答の 66 戸は除いた。


設問「現在、お宅で農作物を栽培している面積を教えてください（家庭用の自給畑から販売用まですべて）」への回答は表２―1のとおりである。センサスの調査対象から除外される一〇a未満層が六四戸あり、小規模農家が層として存在していることが明らかになった。

もっとも重要な知見が得られたのが栽培品目数である。設問「昨年(平成二三年)の一月から一二月までの一年間に、お宅で育てた農作物や作った加工品の名前を教えてください(家庭の自給用から販売用まですべて)」への回答(有効回答二五九)では、二四〇品目が栽培されており(自給用・販売用の合算)、うち販売に供されているものは九九品目あることがわかった。作物類型別の集計では、穀類九品目、豆類一七品目、葉菜・茎菜類五一品目、根菜類二八品目、果菜類二二品目、果樹類二六品目、花き類三二品目、きのこ・山菜類一六品目、加工品類三九品目である。

面積規模や自給/販売の有無といった条件をはずして地域農業の実態を見ると、小さな農家が個々に農地を守ることによって地域農業を支える様子が浮かび上がってきた。また、農業の現場は田畑のみに限定されず、椎茸の栽培や山菜の採集で山を活用していることも明らかになった。なにより重要なことは、販売品目は少ないが、充実した自給生活が地域で営まれていることが示唆されたことである。

4 有機農業の展開

産業農業と暮らし農業

現在の弥栄における農業を、産業農業と暮らし農業という二つの観点から概観していきたい。

産業農業とは、農業用ハウスなどの施設を建設して土地生産性を高めたり、加工食品の製造を主軸とする、商品生産型の農業である。その主体は、降雪期にも農作物が栽培可能な全天候型の農業を実践する施設園芸農家グループや原料生産から加工販売までを行う農業法人であり、農業就業のみによって生計を成り立たせる経営者や正規雇用者とパートタイム雇用者で構成されている。いずれの主体も、ＪＡＳ有機認証などを取得して遠方（県外）への販売を行っており、安定生産のために、ときには遠方から農業資材や加工食品原料を仕入れる。施設栽培や農産加工の取り組みを通じて、大都市からの遠隔性や降雪などの地域条件を克服する経営形態と言える。

先に記したように、専業農業で生計を立てていこうとすれば、弥栄では現在のところ、集落営農の取り組みによって農地を集約して少数の人びとが大規模経営を行うか、施設園芸による周年栽培、農産加工による高付加価値商品の生産といった選択肢に限られる。いずれも、高投資型の営農モデルである。

これに対して、暮らし農業とは、まず自身と家族（他出子も含む）の自給を主目的にした農業であり、落ち葉や刈り草などの地域資源を自然体で活用しながら作物を育てる農業である。自給の延長上に余剰分の販売があり、近郊市街地の産直市などに生産物を出荷し、農業と別業との兼業を前提に生計を立てる農業生活である。暮らし農業の主体は多くが高齢者であり、高度成長期の「農業近代化」を経た後にも、伝承農法や里山資源の活用を続ける「ふだんぎの有機農業」の実践者が層として存在している。

産業農業と暮らし農業は、相互に排他的な類型ではない。産業農業の担い手のなかにも、商品生産を主としながら他に自給畑を営む専業農家やハウスに落ち葉などを積極的に投入する若手専業農家がいる。他方で、暮らし農業の担い手にも、遠方から運ばれてくる化学肥料や購入堆肥を使用するケースが少なくない。そのなかで、地域の次世代を担う若手専業農家は、山との近接という地域条件を活かして、落ち葉の活用(堆肥化)や町内の畜産農家と連携した堆肥の地域自給に動き始めている。[17]

有機農業の構想――パンフレット「山村だからこそ、有機農業。」より

次に、有機農業の観点から、弥栄における産業農業と暮らし農業の展開状況をみていこう。その際に、弥栄自治区が二〇一二年に刊行した有機農業普及パンフレット「山村だからこそ、有機農業。」を参照しておきたい。このパンフレットには、弥栄自治区がめざす有機農業の観点からの地域づくり構想が記され、山村の地域条件に適した有機農業のあり方が提示されている。[18]

パンフレットの表紙には、日本海と山村の風景写真が配され、続いて見開きページでは、弥栄の農業が暮らし農業と産業農業の共存によって成り立っていることが、写真や解説とともに図示されている(図2―1)。そして、最終ページには「有機農業ってなんだろう?」という問いかけが冒頭に掲げられ、こう記されている。

「それは、単に農薬や化学肥料を使わない農業ではなく、その認証を受ける栽培技術でもあり

ません。人と人、人と自然のつながりのなかで、自給を基本に安全でおいしいたべものをつくり、暮らしと生業(なりわい)が両立する、農業本来の姿が有機農業です」

そして、「たべものの自給」⇒「人と土の健康」⇒「生業 なりわい」⇒「有機的つながり」⇒「自然との共生」というプロセスをたどる内容になっている。以下に各プロセスと説明文を紹介する。

①たべものの自給

「生きることはたべること。その大切な『たべもの』を顔のみえない第三者にゆだねることで、『たべもの』は『商品』になります。自然豊かな山村では『たべもの』を自給できる環境や知恵、技が息づいています。まずは、有機農業の原点である『たべもの』の自給から足元の暮らしを見直していきましょう」

②人と土の健康

「健康な土は健康なたべものをつくり、健康なたべものは健康な人をつくります。健康な土は、小動物と土の中の微生物や虫たちの消費と分解の相互作用により生まれます。この関係を利用して、田畑に『小さな自然』をつくることが有機農業であり、だからこそ自然豊かな山村は有機農業に適しているのです」

③生業 なりわい

「経済や効率を優先するあまり、人と自然の健康が失われつつあります。経済と健康を両立す

有機農業。』の見開きページ

の自然と暮らしを支えています

きれいで、安全でおいしいたべものが身近にあり、
に暮らせること。山村の小さなムラだからこそ、
豊かさが実感できます。
ら命をはぐくむ自然の循環。その自然を守り、自
な形の有機農業が自然と暮らしを支えています。

産業農業

後継者の育成

農業研修生OBが地域に根づいて後輩の農業研修生を育てています

農家グループが兼業農業研修生を受け入れて後継者を育てています

農林産物の加工

米、大豆を原材料に味噌や甘酒に加工して発酵文化を守っています

畑や山のめぐみが伝統の技で加工され特産品に生まれ変わります

有機 JAS 認証

有機JAS農家は雇用を生み出し地域の女性たちと支え合っています

有機JAS農家の水田で生育診断により高品質・多収穫を目指します

くするいろんな取り組み

地産地消と食農教育

大豆から豆腐づくりまでを体験し農がいのちをはぐくむ過程を学びます

小学校の畑に落ち葉やもみ殻を入れてフカフカの土のベッドにします

生産者と消費者の交流

若者農家グループが大豆オーナーとみそづくり体験で交流を楽しみます

若手農家と街の団地の住人が月一回の軽トラ市で交流しています

図2-1　『山村だからこそ、

（資料）浜田市弥栄支所産業課「山村だからこそ、有機農業。」2012年。

るため、自給を基本にした『暮らし農業』と後継者が食べれる『産業農業』のバランスが大切です。いろんな形の有機農業が、自然を守りながら暮らしも生業(なりわい)も支えています。これが弥栄の強みです」

④有機的つながり

「『結い』に代表される山村の助けあい文化。つながりが希薄となった現代社会においても、山村は人と人、人と自然の有機的なつながりで成り立っています。専業・兼業・自給的農家が、そして山村の人と街の人が有機的につながり、交流することで支え合うことも有機農業の大切な役目です」

⑤自然との共生

「人は自然に働きかけ、その恵をいただくことを営みとしながら、自然も守ってきました。人も自然の一部です。元来、自然と共生した生き方をしてきた山村から、食と農のつながりを暮らしに取り入れ、真に豊かで健康、健全な暮らしを創っていきましょう。有機農業は自然と共生する『生き方』です」

ここで、有機農業とは、単に農薬や化学肥料を使わない農法ではなく、高付加価値農業でもなく、それらの認証制度でもない。むしろ、これらだけが有機農業を定義する要素であれば、有機農業が小規模・分散型の農地・人口構造をもつ山村で展開されていく必然性は薄れてしまう。「山村だからこそ、有機農業。」と銘打った根拠には、有機農業のベースには自給の営みがあり、だからこそ、豊かな自給文化が残る山村は有機農業に適しているという地域認識がある。そして、有機認証を取得し遠方へ販売も行う産業農業と地域社会を支える暮らし農業の双方があって、山村地域社会は成り立ち、続いていくのだ、という地域構想もある。そして、むらとまちの支え合いを含めた人と人の有機的関係を目指す営みとしても、有機農業の実践を捉えている。このの小さなパンフレットは、大規模産地や都市近郊農村の追随ではなく、山村からの有機農業宣言として、山村における今後の有機農業振興の方向性を規定しうる行政の構想である。

次に、産業農業と暮らし農業のあり方を事例に沿って述べていく。

産業農業としての有機農業

弥栄における産業農業としての有機農業への取り組みの歴史は、都市からの移住の歴史と軌を一にする。出発点は、一九七二年に山陽方面から四名の若者が移り住み、コミューンを拓いたことにさかのぼる。

「Iターン」という言葉もなかった時代、弥栄之郷共同体(以下「共同体」)と自らを名づけた若者たちは、開墾作業と小規模農家の野菜の集荷販売から活動を始めた。やがて、地域で伝統食として作られていた味噌の商品化を試み、当時、各地で勃興しつつあった生協運動や共同購入運動と結んで「やさか味噌」の名を全国に広めていく[19]。彼らは「コミューン学校」や「ワークキャンプ」といった農業体験イベントを開催し、農業や山村の暮らしに関心をもつ都市の若者を数多く受け入れてきた。

一九九〇年代には、共同体を基体に有限会社やさか共同農場(以下「共同農場」)が設立され、村最大の雇用を生む事業所として地歩を固めた。現在では、山村移住を試みる若者たちを自営農家や農産加工の担い手に育成する就農インキュベーターの役割を果たしている。弥栄の就農支援は、まず共同体による動きが先行し、一九九〇年代に行政機関(旧弥栄村)も移住促進に向けた取り組みを開始し、公営住宅である「定住住宅」の建設や農業研修生制度(九八年度より開始)などの取り組みを進めてきた。

もうひとつの産業農業としての有機農業は、主としてビニールハウスを活用した軟弱野菜の輪作体系を確立した施設栽培農家グループによって担われている。浜田市内に、「いわみ地方有機野菜の会」(佐々木一郎会長)と同会が設立した販売会社「株式会社ぐり~んは~と」(いずれも三〇~四〇代の若手専業農家が代表)があり、[20] 弥栄では二戸の加盟農家がある。彼らは、地域社会の次代を担う若手リーダーとして地域の期待を集める存在である。このほか、同じ営農形態で軟弱野菜を共同農場に出荷する農家が二戸ある(一戸は在村の離職就農者、もう一戸は島根県外から移住した新規参入者で二〇一二年より就農)。水稲栽培でも、有機栽培への取り組みが個人・農業法人の双方で開始されている。

暮らし農業としての有機農業

産業農業が、主として青年から壮年にあたる専業農業者や農業法人によって営まれている一方で、弥栄には、高齢者を中心に、多くの小規模な自給農家がある。そこでは、自家消費や他出子や近隣へのおすそ分けといった自給をベースにした非市場的な農産物のやり取りがさかんであり、自給の延長上に副収入源として販売を位置づける自給プラスα規模の農業が活きている。二〇一三年六月現在、町内には農産物直売所が四カ所(無人市一、有人市三)あり、高齢農家と若手農家が共同経営を行うケースもみられる。

暮らし農業の代表的な担い手に「みずすましの会」がある。二〇一三年六月現在、露地野菜の兼業農家を中心に四戸で構成され、弥栄出身者と移住者の双方がメンバーである。中心メンバーの三浦寿紀《ひさのり》氏は現在五〇代で、露地畑七〇aを営みながら、有機JAS認証の検査員を兼業して生計を立てている。同氏は弥栄の農家出身で、首都圏の大学を卒業後に帰郷して浜田地区農業共済組合(当時)に勤務し、業務で石見地方や他地域の農家を巡回するなかで有機農業に魅力を感じ、一九八六年に就農した。

三浦氏は就農後、地域の自給農家に有機農業への転換を働きかけ、一九八八年に自給運動グループとして「あおむしの会」を結成した。その設立に先立つ出来事として、一九八〇年代後半から開始された松枯れ対策の薬剤空中散布への反対運動があった。三浦氏をはじめとする当時の若手農家数名は、空中散布を公害問題として捉え、研究者らのサポートを受けながら、学習運動や自然観察を取り入れた空散反対運動を展開した。空散は止められなかったものの、空散問題への直面は、若者たちに農薬散布を地域問題として捉える視点と有機農業を実践する深い動機づけを生み出した。

そして、彼らから見れば親世代にあたる「昭和ひとけた世代」もメンバーに組み入れた、有機農業や自給農業の普及グループとして「あおむしの会」を生み出したのである。同会の活動は弥栄村外にも及び、自給をベースにした有機農業に自治体ぐるみで取り組んでいた柿木村（現・吉賀町）の有機農家との相互交流を生んだ。一九九〇年代初期からは、自給運動に加えて、小規模農家の少量多品目野菜を集荷して箱詰めし、消費者に直送する活動も開始された。その後、二〇〇一年ごろに「みずすましの会」へ再編され、現在も活動は持続している。

三浦氏の営農の基本は、「広大な山と小さな田畑」という山村の地域条件を活かした農業展開である。露地畑で野菜を生産しながら、ドライトマトなどの日持ちのする加工品を製造し、里山の果樹を活用したジェラート作りに力を入れてきた。

ジェラートは二十数種類に及び、サルナシ、ユズ、イチジク、アケビなど、山の産物が活用されている。山で採集することもあり、野生植物を里山から採取して接ぎ木し、根気強く増やしてもいる。ユズはかつて減反の転作作物としてさかんに植えられたが、所有者の高齢化によって管理が行き届かなくなったものも多く、放置された果樹の再活用に取り組んでいる。春から夏にかけてはおもに露地畑で働き、秋には里山から果実類を得て冷凍し、冬の農閑期にペーストに加工して、冬場の仕事づくりも試みている。

起伏に富み、入り組んだ地形をもつ弥栄には、数キロの距離で降雪量に明らかな差を認める場所も多い。三浦氏は「さまざまな条件をもつ弥栄という地域を一色に塗らないこと」を重視し、多様な地形と環境を活かして、集落を基礎単位とした小地域ごとに、水稲、畑、果樹、加工などの多様な取り組みを奨励すべきではないかと指摘する。有機栽培の技術的な課題については、こう語る。

「一人の人が単品を大量に育てようとするから農薬が必要になる。一本の果樹を百人が育てる発想でいけば、自給用作物でもまとまった量になる。一人の百歩よりも百人の一歩が大事」[21]

こうして、小規模・分散型の農地・人口構造に根ざした有機農業のあり方を模索し続けている。

もう一人の暮らし農業の担い手として、白濱松喜《しらはままつき》・八重子夫妻の営む白濱自然農園を紹介したい。夫妻はともに看護師の就業経験をもち、一九八二年に名古屋市から帰郷し（夫の松喜氏は婚家への移住）、家のまわりの畑で農業を開始した。

白濱自然農園の特徴は、自然農の実践である。ここで自然農とは、畑を耕さずに作物を育てる不耕起栽培を指す。二〇一二年現在、露地畑五五a、ハウス六a、水稲四五aを営んでいる。[22]露地畑とハウスが不耕起栽培で、水稲はアイガモ農法を一九九〇年代初期に導入した。アイガモは水田から引き揚げた後に飼育し、卵を販売する。餌は近隣から入手する米ぬかやくず米、カキガラを自家配合するとともに、野菜くずや野草を与えている。糞はワラと米ぬかと混ぜ合わせて発酵させ、田畑に施用する。青大豆などの珍しい作物も栽培し、資材購入はほとんどなく、育苗用の土も山土を活用する。生産物は、浜田市街地のスーパーなどに出荷している。

家計は松喜氏による新聞配達の副業と農業収入の二本柱で構成されており、決して楽ではないが、七人の子どもを育て上げてきた。近年は、成人して大工になった同居子が、本業の合間に農業を手伝っている。兼業農業で自然農を営み、子育てもやりとげた白濱夫妻の生き方に、近年関心を寄せる移住者が増えており、見学希望者を連れて筆者は何度も白濱自然農園を訪れてきた。自給をベースにした暮らしを志向し、大規模産地ではなく、あえて山村を選んで移住する新規参入者にとって、内部循環と人間―家畜―田畑の有機的なつながりを重視する有畜複合農業の実践者は、ひとつのロールモデルといえる。

暮らし農業の一環としての「ふだんぎの有機農業」

暮らし農業は、弥栄でよくみられる農業のあり方である。そして、そのなかに、「ふだんぎの有機農業」と言うべき有機農業の存在形態がある。山村地域の一〇a規模程度の小さな自給畑で耕作を行う農家には、自身の行為を有機農業と特別に意識しないが、地域循環型の生産方式や顔の見える食べ手との農産物のやり取りといった有機農業の要素を多分に含んだ農を営む人びとがいる。山村地域の伝統的な自給的農業のもつ有機農業的な要素が発現された農業形態を指して、筆者は「ふだんぎの有機農業」と呼んでいる。

たとえば、庭先にある数ａの田畑に、裏山（背戸山《せど》）から刈ったカヤなどの山草、クマザサ、落ち葉、薪風呂の灰などを入れて肥料とし、勾配のある地形の高低差を利用して動力ポンプなしに山水を田に注ぎ入れ、小さな畑をさらに細かく区割りして数十種類の野菜を栽培するといった農業である。こうした小規模な自給農業を営む人びとは、生産物を同居家族で消費するとともに、他出した子どもや孫、ひ孫、近隣住民におすそ分けし、余剰分を直売所などに出荷して収入を得ている。自身や家族が食べるものに農薬は使わず、化学肥料の使用も最低限に抑える人が多い。これが「ふだんぎの有機農業」の典型的な例である。

高度成長期の「農業近代化」の波に洗われた現在では、農薬も化学肥料も完全に不使用という小規模自給農家は、そう多くはないだろう。だが、それをもって「有機農業ではない」と切り捨てるのではなく、「有機農業とは地域の資源循環を重視する農業である」との観点から山村自給農を捉え、化学肥料の使用と並行して、刈り草などの里山資源を田畑に投入する農の営みがいまも息づいているところに、山村自給農の多様な価値を見出していくべきではないだろうか。

気負わず自然体で里山の地域資源を活用し、季節の移り変わりを動植物の動きで感知して播種時期を決めるなどの伝承農法を継承してきた自給的な農業のあり方が、「ふだんぎの有機農業」である。その担い手の多くは、農業にも近所づきあいにも積極的な高齢女性だ。

「ふだんぎの有機農業」は、栽培技術の面だけでなく、生産物の消費や交換の仕方も含めた農業のあり方として捉えていく必要がある。実践者のなかには、週末や盆暮れに、街に住む子どもや孫が野菜を取りに来る家もある。そこでは、金銭が介在しないやり取りがなされている。野菜を持って帰る子どもや孫や親族が生産者に表す感謝の気持ちが、自給農を営むうえでの「やりがい」や「喜び」といった象徴的な価値の源泉となって、野菜と交換される。

匿名の主体間で商品と貨幣が交換される市場取引を前提にした信頼担保システム（たとえば認証ラベル）ではなく、作り手と顔の見える食べ手との間に育まれた人格的な信頼関係を「ふだんぎの有機農業」は守ってきた。そして、いまも、山村のあちこちに息づいている。このような農産物のやり取りは、戦後日本の有機農業運動を担ってきた主要団体である日本有機農業研究会が掲げた産消提携の理念やあり方とも親和性があり、貨幣を介在させずに自助と共助を兼ねた原型的な農業のあり方でもある。

暮らし農業の担い手である兼業農家や自給農家は、地域農業の「すそ野」を構成する社会層だが、その価値が看過されてきた。生産物の多くが自家消費や市場外の交換に供されるため、活動の意義が可視化されにくいからだろう。筆者らは二〇〇九年より小さな農家を定期的に訪問して語り合い、ライフヒストリー（生活史）や田畑のつくり方、域外からの訪問者に伝えたいことなどを聞き取り、「絵地図」と呼ぶ資料を作成し、地域住民と共有してきた。(23)

図2―2は筆者がはじめて作った絵地図である。小角《こずみ》という戸数一四戸の小さな集落で、水田と一〇a未満の自給畑を耕作する河野貢《こうのみつぐ》さん・美都子《みつこ》さん夫妻を訪ね、話をうかがって作成し、

集落の公民館で発表した。話し手のライフヒストリー、家のまわりや田畑の写真、印象に残った語りの一節などを盛り込み、なかでも自給畑の見取り図を強調した。一〇a未満の小さな自給畑で、三七品目もの作物が作られていたからである。

自給畑の傍には裏山と畑の高低差を利用した散水器があり、収穫物は山からの流水を溜める水舟で冷やす。貢さんと水舟を温度測定したところ、夏場でも一四℃と冷たい水が流れていた。冷水は田の周囲を一周させ、適温に温めてから水口《みなくち》に入れる構造になっている。田畑で育った産物は都市に暮らす子どもや孫に送り、それが畑仕事のやりがいにつながっていると言う。

草を大切にする

「こうしておきゃあ、草がそっと（ゆっくりと少しずつ）生える」

「ここにも、ここにも、えっと（たくさんの）草がある。刈った草は無駄にせんこお（しないで）、草かきで集めて、畑に置くんよ。枯れた草がええ。今年植えんのなら、畑の上に乗せときゃあ、土が軽うなる」（稲代《いなしろ》集落、串崎シズコさん、二〇〇九年一一月二〇日）。

「ふだんぎの有機農業」という農業のあり方は、筆者が暮らしていた集落で、両隣の自給農家に教えられたものである。筆者が暮らしていたのは、弥栄の中心部に位置する浜田市弥栄支所（旧弥栄村役場）から約二キロの地点にある稲代という集落である。

お隣に住む串崎シズコさんは現在八〇代なかばで、減反田を利用して一〇aの自給畑を営んで

一例

けえね、人間のほほんですよ』
『わたしらは、わたしらで、
できる範囲で
がんばらな』（畑案内の途中でのひとこと）
『毎日、こんな日射しに
当てられとるけえ（今日も）
何でもなか』
水路
ネギ
けいとう
ナデシコ
ニラ
オクラ
トマト
スイカ
トタン張り
モロコシ
カミ
ブルーベリー
Ⓐ
ネギ
キャベツの苗
キュウリ
ちしゃ
モロコシ
イチゴ
キャベツ
サルビア
Ⓑ
水路
インゲン
サトイモ
ダイコン（秋作）
ハクサイ（秋作）
モロコシ
枝豆（大豆用）
ゴーヤ
つるみどり
モロコシ
シソ
ナス
ピーマン
ナス
らっきょう（草の
らっきょう マルチ付
青と黄の野草
カボチャ
野菜＆フルーツ
2）とうもろこし
3）きゃべつ
4）トマト
5）ブルーベリー
6）いちご
7）すいか
8）きゅうり
9）なす
10）オクラ
11）ゴーヤ
12）ピーマン
13）かぼちゃ
14）つるみどり
15）赤じそ
16）にら
17）ネギ
18）にんじん
19）枝豆（大豆用）
20）いんげん
21）らっきょう
22）さといも
23）さつまいも
25）わさび
26）あずき
27）はくさい（秋作）
28）じゃがいも（秋作）
29）だいこん（秋作）
花々
30）サルビア
31）なでしこ
32）けいとう
33）トランペット
35）のこぎり草
36）青い野草
37）黄色い野草
計37種類！
いただきました！
畑のおやつたち
スイカ
トマト
モロコシ
ブルーベリー
美味!!
河野さんのご自宅
おとうさんのつぶやき
このごろ元気がなくなった
田んぼづくりも大変
草刈りもしんどい
かといって、代ってくれるような若い人が周りにいない
今は田んぼだったところに牛を放牧して雑草をとってる
昔は山と田んぼがあれば生きていけた
田んぼもずいぶんへってしまった
泣き事を言ってもしかたないけれど……
これからどうなるのか……
なりゆきにまかせるしかないなあ

図２−２　絵地図の

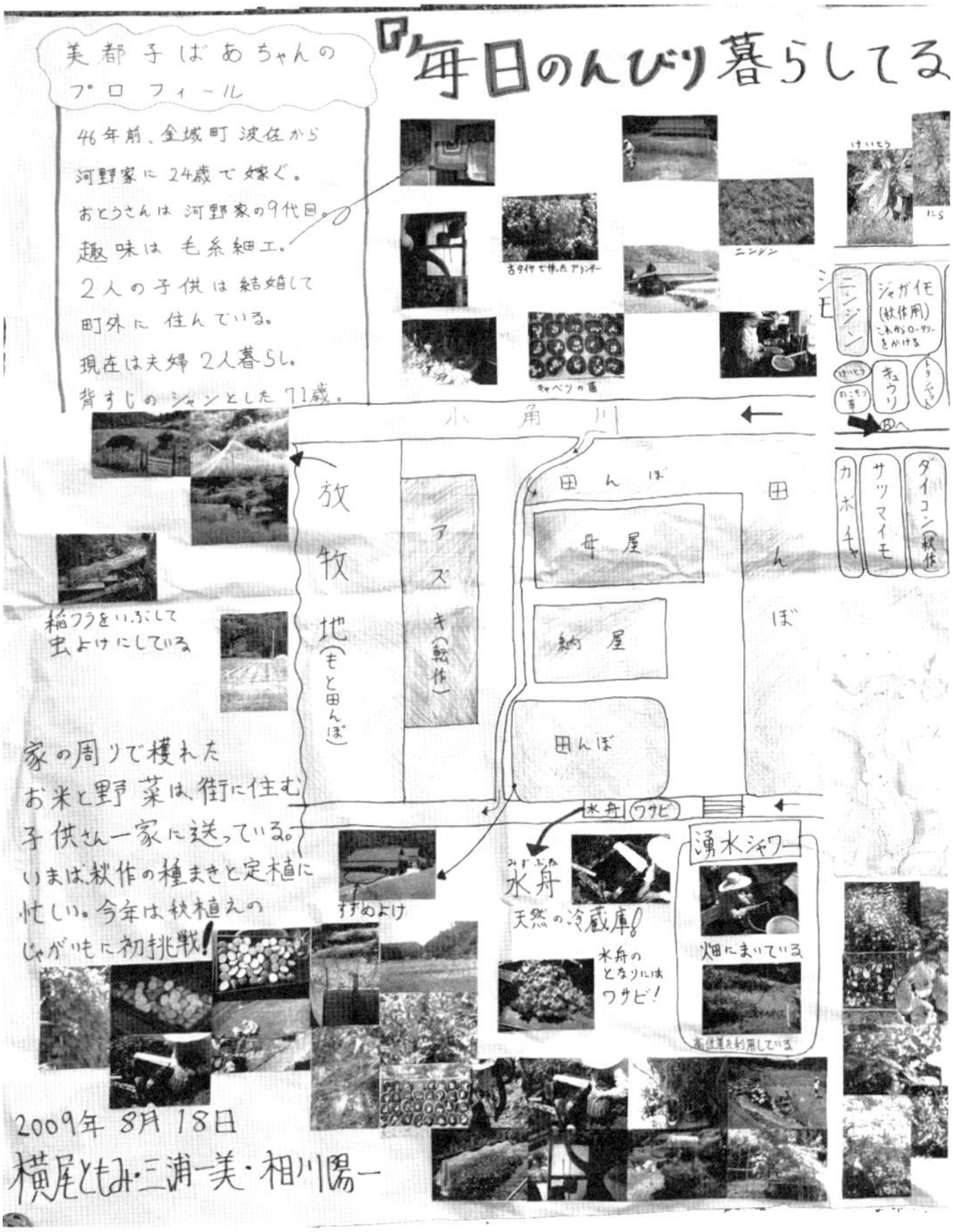
『毎日のんびり暮らしてる
美都子ばあちゃんのプロフィール
46年前、金城町波佐から
河野家に24歳で嫁ぐ。
おとうさんは河野家の9代目。
趣味は毛糸細工。
2人の子供は結婚して
町外に住んでいる。
現在は夫婦2人暮らし。
背すじのシャンとした71歳。
小角川
放牧地(もと田んぼ)
アズキ(転作)
田んぼ
母屋
納屋
田んぼ
田んぼ
水舟
ワサビ
稲ワラをいぶして
虫よけにしている
家の周りで穫れた
お米と野菜は、街に住む
子供さん一家に送っている。
いまは、秋作の種まきと定植に
忙しい。今年は秋植えの
じゃがいもに初挑戦！
すずめよけ
水舟
天然の冷蔵庫！
水舟の
となりには
ワサビ！
湧水シャワー
畑にまいている
ニンジン
ジャガイモ
キュウリ
カボチャ
サツマイモ
ダイコン(秋作)
キャベツの苗
ニンジン
2009年 8月 18日
横尾ともみ・三浦一美・相川陽一

串崎シズコさんの自給畑(2011 年 8 月)。人参、ねぎ、ピーマン、ミニトマト、おくら、玉ねぎ、大豆など多品目が育っていた

おり、筆者はたびたび新鮮な野菜をいただいた。夏場に訪ねて数えたところ、二五種類の作物が育っていた(二〇一一年八月)。厳冬期にも、玉ねぎなどを育てており、年間の総栽培品目は五〇種類を超えると思われる。

串崎さんの畑づくりの特徴は、畑で抜いた草や刈った草を再び畑に戻していく土づくりの手法にある。抜いた草を集めて畑の隅に積み上げたり、肥料袋に入れて逆さまにしておくと、半年ほどで土に還るという。草堆肥には、家まわりの木々の落ち葉や自給田の米ぬかを混ぜることもある。畑に農薬は一切使わず、家畜糞や化学肥料もほとんど使わない。

播種前には、作物残渣と畑土をサンドイッチ状にして火をつけ、くすぶらせて「焼き土」を作る。焼き土を撒いておくと、作物の病気予防になるという。集落の集まりで炊き出しをした

畑で抜いた草を肥料袋に詰めて土に還す（2010 年 8 月、弥栄町稲代）

折などに出た炭も、「この炭いる人おらん？　そんならあとで拾いにこよう。これをそのまま玉ねぎの苗のまわりに撒くんよ。病気にかからんように」と言って、畑に撒く。

「こうしておきゃあ、虫がそっと来る」

もうひとつの特徴は、刈り草の活用である。カヤを刈り、畝《うね》間に方向をそろえて敷いている。

「こうしておきゃあ、雨の日も畑に入れるし、ええ肥《こえ》になるんよ」

焼き土も刈り草も、「草がそっと生える」「虫がそっと来る」効果があると言う。草が生えない、虫が来ないのではない。作物の健康な生育に支障がない程度に草が生え、虫がやって来る。串崎さんの自給畑には、雑草や虫を根絶する発想ではなく、自然とともに生きていく共生の発想が、静かに息づいている。

串崎さんには、三〇名を超える特定の消費者がいる。四人の娘と一二人の孫、そして二三人のひ孫たちである（二〇一三年六月時点）。毎年のようにひ孫が誕生しており、自宅の近くに暮らす孫が毎週のように訪ねて来る（二〇一一年からは、浜田市街地に暮らす孫が、水田を手伝うようになった）。遠くに暮らす家族には、宅配便で野菜を送っている。いまはおもに親族向けの自給畑だが、以前は三浦寿紀さんの働きかけで、自給畑の余剰分を「あおむしの会」に出荷する産直農家だった。いまでも、近くに住む親せきが、ときどき野菜を集荷しに来てくれるので、浜田市沿岸部の直売所に少量出荷している。

数年前に亡くなった夫は建設作業員として工事現場で働き、自身は村の誘致企業の縫製工場で働きながら、弥栄内外に暮らす家族のために、せっせと自給畑に通ってきた。数十種類の野菜が育つみごとな自給畑は、おばあさんと家族をつなぐ交流の場でもある。

カヤやクマザサの活用

もう一軒の隣家には、山草を活用する山村自給農を教えてくれた堂原道春《どうはらみちはる》さん・トメコさん夫妻である。夫妻は七〇代で、おもに田は道春さん、畑はトメコさんが管理している。堂原家もかつては「あおむしの会」会員で、家まわりの自給畑で採れた野菜の余剰分を出荷していた。いまも産直活動を続けており、やさか共同農場の広島向けの野菜出荷事業や浜田市内でＪＡが運営する産直市の生産者でもある。

畑は、庭先に一ａほど、家の裏に二〇ａほどあり、冬場も野菜が採れるように小さなハウスを二つ建てている。ハウスは勾配が急な裏山を五メートルほど上ったところにあり、急坂の途中には縦二メートル、横一メートルほどのごく小さな畑もある（そこでは栽培期間の長いラッキョウを

集落の共同畑にカヤを敷く(2009年9月、弥栄町稲代)

育てている)。畑には、農薬も化学肥料も一切使わない。トメコさんは六〇歳ごろ、体調を崩したことがある。それを機会に、土と人の健康について考えるようになり、農薬と化学肥料をやめたと言う。前述の串崎さんと同じように、刈り草や抜いた草を集めて堆肥化している。

堂原さん宅の自給農で特筆すべきは、家を囲むようにある里山の斜面や田の畔を夏場に何度も丁寧に刈り、カヤなどの刈り草を積んでおき、稲刈り後に田に運んで丁寧に広げ、トラクターですき込む農法である。カヤだけでなく、山肌に群生するクマザサも刈り払い機で刈り取って、すき込む。副産物の利用という動機づけだけではなく、地域で昔から続けられてきた農法を守るという動機づけで、刈り敷きを続けている。

弥栄には、堂原さんのほかにも、刈り草やク

稲架けにクマザサを活用する(2010年9月、弥栄町程原)

マザサを田にすき込む農家がある。稲代集落のある農家は「クマザサを入れた田んぼの米はうまいんで」とよく語ってくれた。稲代では、カヤを畝間に敷く農法も続けられている。二〇〇九年から一〇年にかけて集落活性化活動の一環で行った共同畑づくりでは、「カヤが足りんけえ」と住民が畑近くの斜面に草を刈りに行く場面も見られた。これらは、草刈りで出た副産物の利用という受動的な営みではなく、山の資源を積極的に利用する農法の現在的様態であろう。

山草の活用風景でもっとも印象的だったのは、稲の稲架けへのクマザサの活用である。これは、弥栄でも奥部に位置する程原《ほどはら》集落で見られる。かつては約七〇戸、現在は一〇戸・一五名で高齢化率八〇%の小規模高齢集落だが、里山の資源を活用する農業は、いまも息づいてい

る（二〇一三年四月一日時点、住民基本台帳）。

近年、山村に移住して農業を営む若者たちのなかには、大規模産地や都市近郊農村などのさまざまな選択肢のなかから、あえて山村を選び、こうした「ふだんぎの有機農業」に関心をもつ人も少なくない。「昭和ひとけた世代」が守ってきた山村自給農の非血縁的な受け継ぎについて、次節でみていきたい。

5　山村自給農の継承に向けて

移り住む者と迎える者の共約点としての「ふだんぎの有機農業」

弥栄における山村自給農の検討を通じて、三つのことが明らかになった。

第一に、自給農家の営みは山村の地域資源を自然体で活用する無理のない持続的な農業であること。

第二に、自給農家の営みは孤独な自給自足の暮らしではなく、耕作者自身と同居家族、そして他出子や日本海沿岸部の地方都市の直売所にも広がっていること。自給の余剰分を販売する小さな農業は、他者性のある営みである。

一方で第三に、地域農業の「すそ野」を支える自給農家は高齢化が進んでおり、技術と考え方の継承が課題であること。

「広大な山と小さな田畑」という小規模・分散型の農地・人口構造下において、単作や大量生産の困難を地域課題として設定し、大規模化や機械化によって克服する道こそが中山間地域の農業振興であるという発想が、農政の主流であった。しかし、地域条件を近代技術によって克服することばかりが、現状の危機を突破する方策ではない。

むしろ、山村の地域条件を平野部や都市近郊農村と比較して不利とみなす発想では、山村地域は単なる条件不利地域としてしか住民に認識されず、山村に暮らす人びとが地域に誇りをもち、自己や暮らしている地域を基点に地域、社会、世界を想像し、地域社会を主体的に構想することが、困難化するおそれがある。その結果、平野部や都市との間にある地域条件の差異が、序列化された上下の価値意識として地域住民に内面化され、ともすれば平野部や都市への劣等感を植え付けられたまま、生きていかねばならなくなるおそれもある。山村再生のためには、地域条件に沿った内発的発展への道を移り住む者と迎える者の両者が協力しあって探していかねばならない。

かつて安達生恒氏が指摘した「二重の疎外」状況（八六ページ参照）は、いまも強固に存在している。だが、まだ小さな萌芽かもしれないが、山村で生きることに自己肯定をもたらす突破口は、少しずつ開けている。そこで鍵となるのは、在村高齢者層の技術や生活思想も含めた「ふだんぎの有機農業」の非血縁的継承と在村青年層への波及可能性である。

三年半にわたる弥栄での常駐型フィールドワークのなかで、筆者は多くの移住者に出会い、新規移住者と先に移住した人びとや在村者とのつなぎ役を務めてきた。その活動をとおして、平野部の大産地や都市近郊地域ではなく、あえて山村を生きる場所に定めようとする若者たちの多くが、生産力主義の発想を相対化する脱物質的な価値観をもち、食とエネルギーの自給をめざしていることに気づかされた。また、移住者たちの食とエネルギーの自給に向かう価値意識は、長年にわたって山村で暮らしてきた人びとが、気負わずに、当たり前のこととして、自明性の領域において持続させてきた生活思想や暮らしのあり方と、親和性をもつことにも気づかされた。

そして、移り住む者と迎える者の双方が「大切にしたい」と考える暮らしのあり方として、地域資源を活用した持続的な「ふだんぎの有機農業」があると考えるようになった。

山村に生きる人びとが、外部から押しつけられた価値ではなく、山村の地域条件に依拠して多系的な地域発展を構想していくためには、地域条件を克服するという従来型の発想を相対化し、現在も続く伝承農法や伝統農法の技術も含めて、地域条件に逆らわない農業生活のあり方を継承していく方向性が必要ではないだろうか。そして、継承のあり方は、従来の血縁に基づく継承だけでなく、非血縁的な継承の仕組みも必要になるだろう。このような方向を定めるにあたっては、自給をベースにした農業との兼業形態での生計確保が大きな課題となる。

次に、「ふだんぎの有機農業」のもつ価値を可視化させ、実践者や移住者とともにその価値を共有する取り組みについて記したい。

図2-3　弥栄自治区における有機農業振興の方向性

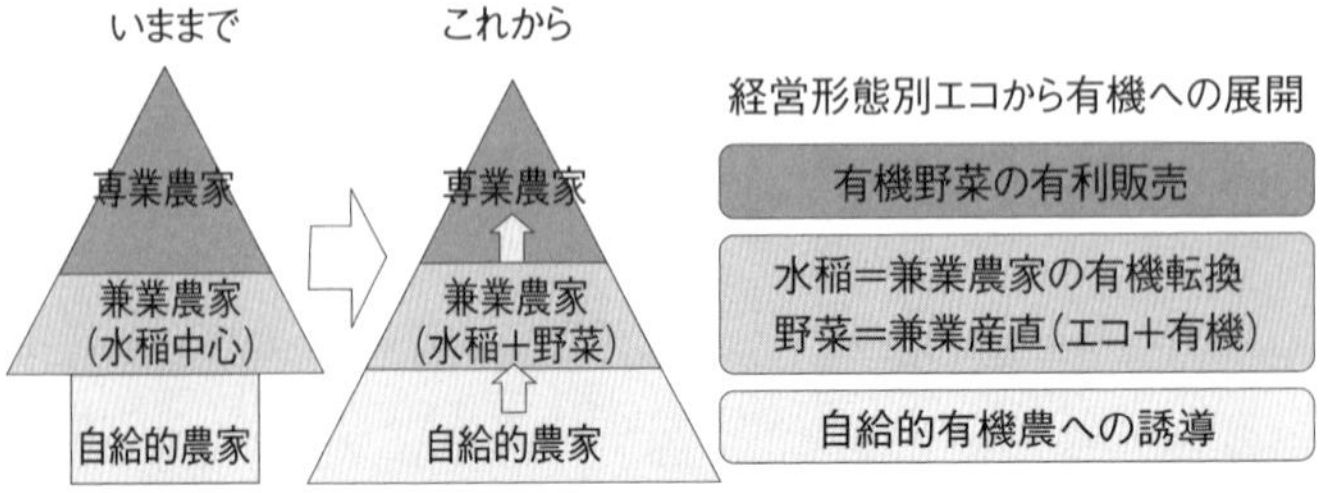

※条件不利な山間地域では、兼業農家を核として小規模で多様な農家が担い手となる。
※自給的農家への参入と各階層の農家が上位にステップアップできる仕組みづくりが必要。

（資料）浜田市弥栄支所産業課「山間地域の担い手づくりと有機農業の展開」2011年。
（注）本図内のエコとは島根県エコロジー農産物推奨制度を指す。

兼業就農研修制度の創設[24]

弥栄では二〇一一年度より、従来の専業農業者（認定農業者）の育成施策と並行して、余剰分を農産物直売所に出荷する小規模兼業農家の育成施策が開始されている。同時期に、島根県でも「半農半X」型の就農支援制度が開始された。

浜田市弥栄支所が兼業型就農を弥栄自治区[25]の施策として位置づけた背景には、専業農家を地域農業の核に据えながら、兼業農家や自給的農家との連携によって地域維持をはかるとの構想がある（図2―3）。小規模・分散型の農地構造をもつ山村では、農地集積によって平野部並みのスケールメリットを実現させる農業経営のみを推進するのは難しい。弥栄支所では、小規模な兼業農家をひとつの社会層と捉えて支援施策を実施し、経営持続を実現することで、複数戸の小規模な兼業農家が、単一の専業農家が維持可能な面積を上回る力を発揮するという構想を立てた。

弥栄の兼業就農施策の特徴は、以下の二点である。

第一は、制度の創設意義として、山村における農業生活の伝統的な形態が兼業農業であった歴史に立脚し、兼業農家の地域社会における存在意義を積極的に意味づけた点である。専業就農が困難な地域だから兼業就農を推進するという次善の策ではなく、兼業就農を積極的に推し進めていく姿勢がある。たとえば、「兼業起農」と銘打たれた兼業就農コースの宣伝文の冒頭には、次の文章が掲げられている。

「都会よりも多少収入が少なくても、田舎の方が生活の質は豊かです。経済的なモノサシだけでは測れない、真にココロもカラダも豊かになれる農ある田舎暮らしのスタイル。それが『兼業起農』です(26)」

行政機関が都市住民に向けて、山村地域ならではのライフスタイルを提示し、居住によって得ることができる非経済的な効用も含めた移住・就農を呼びかけているのである。

第二は、兼業就農研修生の指導にあたって、単一の経営体ではなく、町内の農産物直売所の運営グループや産直農家グループが指導農家の役割を担う複数指導体制を取ったことである。従来の農業研修制度は、特定の経営体に指導を任せる体制だったため、地域社会との接点が希薄化するという問題があった。前者の直売所運営グループは専業農家(認定就農者)と兼業農家が連携しており、約三〇名を雇用するやさか共同農場から、自給プラスα規模の農家まで、さまざまな経営形態の農家や法人が加盟している。後者の産直農家グループは、前述の「みずすましの会」

（一〇五ページ参照）である。

こうした制度改革によって、規模や営農形態を異にするさまざまな農業者のもとでの研修が可能となった（専業研修は二年間、兼業研修は一年間）。二〇一三年度は、二〇代から四〇代まで、三名が兼業就農研修を受けた（うち第一期生は一年間の弥栄自治区研修を終え、島根県の「半農半X」型就農研修に移行）。三名に共通しているのは、有機農業での就農を希望し、資材の地域自給をはじめとする「ふだんぎの有機農業」に強い関心をもっていることである。第一期生（二〇代男性、つれあいと子どもあり。二〇一一年九月に東京より移住、一〇月に研修開始）は介護ヘルパーの就業経験を活かして、研修後は弥栄内外の福祉施設で就業し、自営農業との兼業をめざしている。

指導農家グループの代表者は、ナスを中心に一〇a規模の圃場で少量多品目の露地栽培を行う専業農業者（七〇代、女性）である。おもな指導農家は三〇代の若者を主力とする専業農家で、九〇aの畑で露地農業を営み、ナス、キャベツ、カボチャを主力品目として少量多品目栽培を行う。彼は弥栄で唯一の三〇代の露地専業農家である。慣行栽培（島根県エコロジー栽培農家）だが、有機農業や自然農法に関心があり、有機農業の振興に携わることによって地域に移住者が増えていくことを期待して、技術指導を行っている。有機農業の振興が仲間づくりにつながっていくことが、若手専業農家が忙しい合間をぬって行政機関と協働し、研修に協力する原動力である。

やさか有機の学校の実習風景（2012年5月）。正面は兼業農業就農研修第1期生の石塚祐三さん。1年にわたって実習畑の管理を担ってくれた

有機農業の地域普及講座の開催

弥栄では、二〇一一年度より、自治区の独自事業として「エコから有機へ・自然と共生する農業推進事業」が開始され、初年度は有機農業への動機づけ形成を図る目的で、講演会とワークショップで構成した「やさか有機農業市民講座」を計六回開催した。講座では「いま、なぜ有機農業なのか」「有機農業と自給農業の関連とは」などのテーマの講演会や「有機農業は暮らしの自給から」と題した郷土食づくりワークショップなどを開催し、若手からベテラン農家まで、多様な層の参加を得た。この講座を発展させ、二〇一二年度には講習会「やさか有機の学校」を開講し、二〇一三年度も継続開催している。

いずれの講座も、浜田市弥栄支所と島根県中山間地域研究センターやさか郷づくり事務

所の共催で、筆者も企画運営に携わってきた。二〇一二年度の「やさか有機の学校」では、兼業就農研修生三名を含む町内外の受講生一九名（登録者総数）が、月一回ペースで開催される講習と実習に参加した。同講座の特徴は次の三点である。

第一に、有機農業の普及をめざして、一年間で一〇種類の野菜の育て方の習得を目標に据えたこと。おもな受講生として、兼業就農研修生をはじめ、兼業農業者や自給の余剰分を農産物直売所に出荷する小規模農家を想定している。

第二に、新設された兼業就農研修と「やさか有機の学校」を連動させたこと。兼業就農研修生の指導にあたる直売所運営グループが講座用の実習畑を準備し、日々の畑管理を研修生が行っている。栽培した野菜はこの直売所で販売しており、研修生は栽培技術だけでなく、調整・袋詰めや会計などの技術も習得できる。

第三に、受講者の多くが移住者であること。初回の参加者は一一名で、うち一〇名が移住者、四名が女性である。その後、在村者の参加もしだいに増え、兼業農業研修生の指導農家を中心に、兼業農家や自給プラスα農家の参加が微増した。「やさか有機の学校」は地域住民への栽培技術の普及を第一目標にすえた行政事業だが、移住者の就農支援に有効性を発揮している。専業農家の中心的な担い手（多くは壮年男性）に比して、技術講習を受ける機会が相対的に少ないと思われる兼業農家や自給的農家層、なかでも移住者層に有機農業を学ぶ動機づけ形成を促したことがうかがえる。

兼業就農研修生制度も有機農業の地域普及講座も弥栄自治区の独自事業として展開されており、前述のパンフレット『山村だからこそ、有機農業。』を含めて、市町村における有機農業の地域展開に向けた自治体農政として、独自性の高い施策といえる。こうした有機農業推進施策を県内外に広げていくために必要な人的・制度的条件を明らかにしていくことが、行政機関と研究機関における今後の課題である。

6　山村の自給農は持続可能な社会のモデル

右肩上がりの経済成長に陰りが見えて久しく、農業をめぐる社会経済環境は年々厳しさを増している。そのなかで、都市圏における生活労働環境の悪化や脱物質的な価値観の醸成などを受けて、山村移住への動きは静かに活発化してきた。そして、域外から押し付けられた発展モデルではなく、移り住む者と迎える者の双方が地域の風土と歴史に向き合い、山村に生きる意味を問い、地域条件に合った農の形を模索する動きが、島根の山村の一角で始まりつつある。

これから先、高度成長期に疲弊した山村の再生があり得るとすれば、それは、生産力主義の発想に基づいた平野部や都市近郊農村へのキャッチアップ型の発展モデルではなく、山村の自給的な暮らしのもつ意味と意義を見直し、「広大な山と小さな田畑」という地域構造に立脚した地域自給経済圏の形成を伴うだろう。その営為は、地域に伝わる「ふだんぎの有機農業」の再評価につながっていくだろう。

山村の歴史と風土に根ざした自給農の世界は、人間の永続的生存を支える持続可能な社会の自生的なモデルのひとつではないか。二〇〇九年八月に移住してから三年八カ月にわたった住み込み型フィールドワークを経て、筆者はこのような見解を抱くようになった。

移り住む者と迎える者が、互いに大切にしたい暮らしのあり方を模索する営みの過程で、高度成長期を経て、なお山村に生き続けることを主体的に選んできた人びとの生の軌跡は、山村地域における多系的発展を体現する営みとして、改めて意義が問われ、再評価されていくだろう。今後も、山村自給農の継承と発展に向けた実践研究を続けていきたい。

（1）本稿では、旧弥栄村と現弥栄町の範域を指す際に弥栄と略記した。

（2）日本列島の約七割を占める山がちな地域を指して、山村や中山間地域といった呼称がなされている。前者は慣習的に、後者は行政用語として使用される場合が多い。中山間地域は農林統計上の地域概念で、中間農業地域と山間農業地域を合わせた地帯を指す。中間農業地域は「平地農業地域と山間農業地域との中間的な地域であり、林野率は主に五〇％〜八〇％で、耕地は傾斜地が多い市町村」、山間農業地域は「林野率が八〇％以上、耕地率が一〇％未満の市町村」を指す（農林水産省ウェブサイト内「中山間地域とは」より。URL：http://www.maff.go.jp/j/study/other/cyusan_siharai/matome/ref_data-html 二〇一三年二月五日最終閲覧）。本稿では、中山間地域を山村と呼称する。

（３）山村地域の多職兼業的な生業世界の展開については、弥栄で長年林業に携わってきた方々などによる以下の座談会を参照。福島万紀・笹本道夫・徳田金美・三浦香「地域に根ざして生きる想いと技を受け継ぐ――弥栄に生きる山使いの達人たちの言葉から」島根県立大学ＪＳＴ人材育成グループ編『島根発！中山間地域再生の処方箋――小さな自治・人材誘致・小さな起業』山陰中央新報社、二〇一一年、八五〜九四ページ。

（４）一九六五年に制定された山村振興法（二〇一〇年最終改正）には、第二条に山村の定義があり、このように書かれている。「この法律において『山村』とは、林野面積の占める比率が高く、交通条件及び経済的、文化的諸条件に恵まれず、産業の開発の程度が低く、かつ、住民の生活文化水準が劣っている山間地その他の地域で政令で定める要件に該当するものをいう」。山村地域の構造的劣位は法制度的な面からも他律的に規定され、住民に内面化されてきたといえよう。なお、山村世界の特性を捉える際には、「遅れた農村」という理解や、主産業が農業か林業といった静態的な観点からなされる山村の定義を相対化し、山村に内在する生活文化体系を明らかにする必要があるという指摘も、歴史家の白水智氏によってなされている（白水智『知られざる日本』日本放送出版協会、二〇〇五年）。

（５）安達生恒『安達生恒著作集４過疎地再生の道』日本経済評論社、一九八一年、七〇ページ。

（６）後述するように、弥栄には一九七二年に山陽方面から移住した若者たちによって、オルタナティブな共同体づくりをめざす弥栄之郷共同体が設立された。同共同体の軌跡については、一九八〇年代後半に関連書籍が相次いで刊行された。代表的なものとして、以下を参照。弥栄之郷共同体『俺たちの屋号はキョードータイ　村に楽しい暮らしと農業を――島根・弥栄之郷共同体の一七年』自然食通信社、一九八九年。今百姓三人衆＋自然食通信社編集部編『百姓になるための手引き』自然食通信社、一九八六年。
（7）旧柿木村ウェブサイト内「柿木村有機農業の原点」（URL：http://www.town.yoshika.lg.jp/kakinoki/yuki_nogyo/story/vol001/p-1.htm　二〇一三年二月四日最終閲覧）。
（8）中島紀一『食べものと農業はおカネだけでは測れない』コモンズ、二〇〇四年、八六〜八七ページ。
（9）吉田喜一郎『定食圏型農業の実践――地域社会農業は二一世紀を耕す』家の光協会、一九八三年。農林中央金庫調査部研究センター編『地域社会農業――商品生産から食べ物づくりへ』家の光協会、一九八五年。
（10）多辺田政弘・藤森昭・桝潟俊子・久保田裕子著、国民生活センター編『地域自給と農の論理――生存のための社会経済学』学陽書房、一九八七年、一三ページ。
（11）前掲（10）、九ページ。
（12）中島紀一『有機農業政策と農の再生――新たな農本の地平へ』コモンズ、二〇一一年、一一ページ。
（13）内藤正中『島根県の百年』山川出版社、一九八二年、三二四〜三二六ページ。
（14）高木大悟『農山村における公共事業と農民就業行動の変化――一九六五〜一九八五年島根県弥栄村を事例として』筑波大学大学院人文社会科学研究科修士論文、二〇〇七年。
（15）高橋巌「「農」への新規参入――先行研究及び就業状況との関連における分析」高橋巌編『高齢化及び人口移動に伴う地域社会の変動と今後の対策に関する学際的研究報告書』全国勤労者福祉・

共済振興協会、二〇一〇年、一八ページ。

(16) 弥栄調査の結果詳細については、下記の報告書を参照。島根県中山間地域研究センターやさか郷づくり事務所編『小さな農業の可能性――「弥栄町の農林業に関する調査」地域報告会の記録』島根県中山間地域研究センター、二〇一一年。

(17) 二〇一一年に、弥栄内の二〇代〜四〇代の若手農家によって地域づくり組織「弥栄町青年農業者会議」(通称：やさか元気会)が結成され、水稲、葉物、畜産、農産加工など幅広い経営形態の農家十数名が雇用就農者も含めて参加した。会は複数の部会に分かれており、葉物や果菜類の安定生産のために質のよい地場産堆肥をつくる活動が開始されている。

(18) 浜田市弥栄支所産業課「山村だからこそ、有機農業。」二〇一二年。

(19) やさか共同農場の歴史については、前掲(6)参照。

(20) 瀬尾光広「有機農業で地域を牽引する農業経営の実現　有限会社「佐々木農場」代表取締役佐々木一郎さん」『農業と経済』二〇一二年三月号、一〇三〜一〇九ページ。

(21) 筆者は三浦氏との間で定期的に聞き取り調査や意見交換を行っており、本段落で引用した発言は、二〇一〇年一一月に実施した聞き取り・意見交換時のものである。なお、山村農業のもつ多品目性や複合経営の伝統を活かして、集落ごとにきめ細かな農林業対策を進めていくべきであるとの指摘は、中国山地に住み込みながら山村地域に根ざした農のあり方を探求した乗本吉郎氏らによって、すでに一九七〇年代の時点でなされていたが、以後の山村振興策に十分に活かされてきたとは言い難い。彼らの提言に学ぶべき時期が、いま到来しているのではなかろうか。乗本吉郎「過疎集落の動向と農林業対策――島根県過疎地域(大田市・温泉津町・弥栄村・日原町・横田町・西ノ島町)調査から」『農業総合研究』第二七巻第四号、一九七三年、一三九～一五七ページ。

(22) 井口隆史「有機農業に挑む 四 白濱自然農園――合鴨農法と不耕起自然栽培」『山陰経済ウィークリー』第三五巻第三七号、二〇一二年、三〇～三一ページ。

(23) 弥栄では、二〇〇九年から一二年にかけて、地元学と呼ばれる地域づくり活動が続けられた。地元学とは、宮城県に暮らす民俗研究家の結城登美雄氏が提唱し、同氏や熊本県水俣市で地域再生活動に取り組み地元学ネットワークを主宰する吉本哲郎氏を牽引役として、全国各地で展開されている地域づくり活動である。特定の地域社会を対象に、地域に暮らしてきた在村者と外部から訪れる訪問者や移住者や帰郷者などが協働して、地域社会内に蓄えられたさまざまな社会・経済・文化資源の意味を共有し、地域づくりに向けた主体形成をはかるための取り組みである。地元学については以下の文献を参照。結城登美雄『地元学からの出発――この地に生きた人びとの声に耳を傾ける』農山漁村文化協会、二〇〇九年。吉本哲郎『地元学をはじめよう』岩波ジュニア新書、二〇〇八年。

(24) 弥栄における兼業農業研修制度およびやさか有機の学校については次の論文も参照。相川陽一「中山間地域での新規就農における市町村施策の意義と課題――島根県浜田市弥栄町の事例」『近畿中国四国農研農業経営研究』第二三号、二〇一二年、二八～四六ページ。

(25) 弥栄は二〇〇五年に旧那賀郡三町(三隅《みすみ》町、旭《あさひ》町、金城《かなぎ》町)とともに浜田市と合併し、単独の基礎自治体ではなくなった。合併後、旧町村は自治区という単位で行財政上の一定の自律性をもって存続し、旧町村役場は企画関連部局が新市本庁に統合されたうえで、支所と改称され、一定の役場機能を維持してきた。しかし、自治区制度は、合併後一〇年間維持された後に見直しされる予定であり、二〇一三年六月現在、支所機能の縮小が予想されている。新・浜田市は、日本海沿岸部から広島県境までを包含する広域自治体となり、複数の地域特性をもつようになった。新市において、地域に根ざした特徴ある自治体農政を進めるためには、旧町村域において、行財政の自律性を一定程度維持する自治方式の維持・発展が求められよう。

(26) 浜田市ウェブサイトより「浜田市弥栄自治区 平成二五年度兼業農業研修生の募集」(http://www.city.hamada.shimane.jp/machi/bosyu/jinzai_bosyu/h24noukenkengyouy-1.html 二〇一三年六月二六日閲覧)

〈謝辞〉参考資料『土と健康』バックナンバーの閲覧と複写にあたって、特定非営利活動法人日本有機農業研究会事務局にお世話になりました。記して感謝申し上げます。

第3章　資源循環型の地域づくり

谷口　憲治

1　地域再生に向けた地域資源の活用

近年、地域資源を活用した農村振興策が、他産業との連携による「コミュニティ・ビジネス」「農商工連携」「六次産業化」といった政策として現れている(1)。

地域資源を活用して農村振興を図ろうとする取り組みは、本書を貫くテーマである地域自給として長く実践されてきた。その考え方は、化学肥料や農薬の過度の使用によって、生産面において発生した農業者自身と家畜の健康、消費面において発生した消費者の安全な生活の維持への対応策として生まれた有機農業運動の実践のもとで、醸成されてきたといわれる(2)。

また、一九九〇年代に入ってグローバリゼーションが本格化するなかで(3)、農業者の兼業機会を提供してきた電子部品や繊維などの産業が発展途上国へ海外移転し、現金収入を得られる職場が減っていく。さらに、戦後まもなく成人して就農した人たちが六五歳を超え、中山間地域を中心に、死亡者数が出生者数を上回る人口の自然減が加速した。集落機能の低下のみならず、集落の存続自体も危ぶまれている。こうした問題をうけて、地域社会を再生するために、地域資源の利用や地域自給に基づく地域づくりが、いっそう注目されるようになったのである。

本稿では、条件不利地域のひとつとされる島根県の中山間地域において、地域資源を最大限に利用した地域づくりを行ってきた事例を取り上げ、人材も含めた地域資源を生産・流通面においてどのように利用しているか見ることにする。(4)

2　地域資源の発掘と産業化――江津《ごうつ》市桜江《さくらえ》町

「限界地」桜江町

江津市桜江町（旧邑智《おおち》郡桜江町）は、かつて「限界地」と表現されたように、中山間地域のなかでも人的・物的地域資源に恵まれない、典型的な条件不利地域である。(5)

「限界地」として紹介されたのは一九八〇年代なかばであり、二〇〇四年に江津市と合併した。面積は一一〇㎢、人口は約三三〇〇人（二〇〇五年）だ。最近は、住民たちが多様な人的・物的結びつきを実現して地域生活を維持・発展させている様子が注目されている。

そうした、いわば地域自給による地域づくりの全体像を図３―１に示した。この図は桜江町と

図3-1　桜江町の地域づくり概観

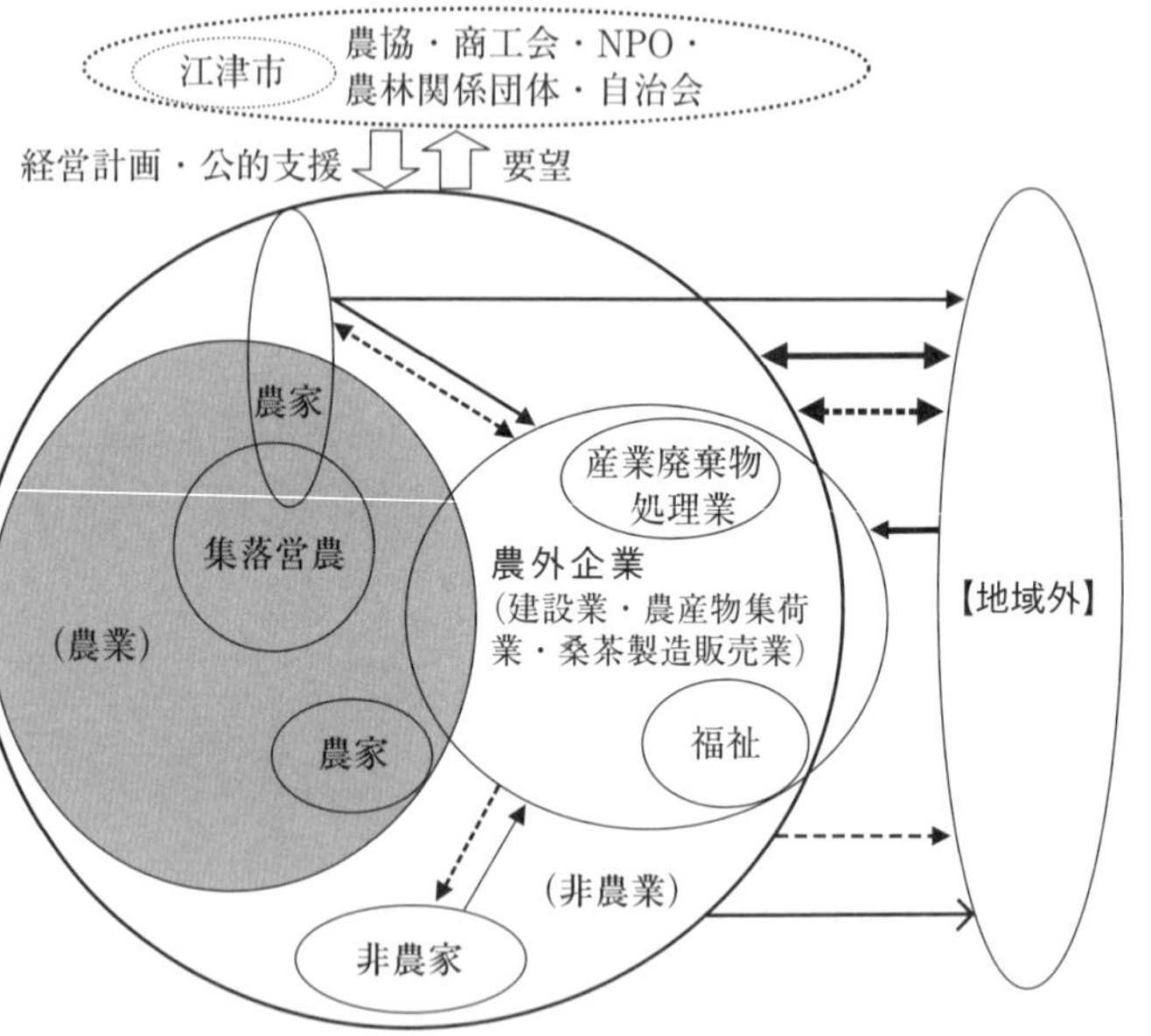

(注)実線は労働、点線は財・サービス、矢印はそれらの移動方向を示す。

いう農村を模式化しており、地域内の農家・非農家・農外企業の関連性、さらに、行政、経済団体、地域外社会との関係を表している。地域内には、農業を個別に営む農家と、組織的に営む集落営農がある。地域内外の非農業部門で働き、兼業収入を得る農家も多い。非農業部門の企業(農外企業)は、農業、福祉や産業廃棄物処理業などの地域に不可欠な産業に参入して、内外の農家を含む住民に雇用の場を提供してきた。

人的地域資源の発掘

地域づくりは、過疎化によって集落機能が低下するなかで、三組のIターン者・Uターン者を人的資源として活用したことから始まる。

まず、田舎暮らしを求めて一九九六年に福岡からIターンしてきた古野俊彦さん（一九四四年生まれ）に、当時の桜江町役場が地域づくりの意見を求めたことが契機となり、新しい地域資源の発見とその産業化につながった。それを可能にしたのは、桜江町と島根県の協力によるIターン受け入れ態勢の整備である。

続いて、ご主人のUターンとともに転入してきた女性が、それまでの職場経験を活かしてNPOを組織し、空き家・空き地の有効活用による定住支援を行った。これは、不足する公的社会サービスを補完する地域づくりと位置づけられる。

さらに、大学農学部を卒業後、他地域で有機農業に従事していた反田《はんだ》孝之さんが、父親が経営する土木建設業の農業特区による農業参入を実現するためにUターンしてきた。そして、地域の個性を活かした農業経営、農産物加工・販売に取り組み始める。

物的新地域資源の発見と産業化

桜江町では、一九五〇年代なかばまで養蚕が盛んだった。だが、化学繊維に押されて衰退し、やがて約三〇haの桑畑が放置されていく。町役場から地域振興策の意見を求められた古野さんは、水田に次いで多い桑畑の活用を提案したが、桑に関する話題を町民が避けていることにまもなく気づいた。町民は桑畑を放置したままにしていることに後ろめたさがあったようである。

一方、古野さんは、桑の葉に血糖値を抑制し、血液を浄化する機能があるという神奈川県衛生研究所の研究成果と桑茶についての情報を得た。そして、島根県特産品開発支援事業の指定を受けて、Iターンした年から機能性食品としての活用に挑戦する。夫妻で桑の葉を刻み、中華鍋で煎って桑茶を作り、大阪などの健康関連商品商談会を通じて、取扱業者に持ち込んだ。

一九九七年には家族の手作業による供給能力を上回る需要を獲得し、九八年に「地産」というコンセプトのもとに地元の桑畑所有者に呼びかけ、桑茶生産組合(任意組合、組合員三二名、古野さんが組合長)を設立した。二年後の二〇〇〇年には、邑智郡大和村《だいわ》(現・美郷町《みさと》)の機能性食品製造販売グループとも連携して機能性食品研究会を組織し、生産・加工・販売機能をもつ農業生産法人とする(有)桜江町桑茶生産組合)。

さらに、二〇〇二年に圃場七haと加工場が有機JAS認定を受け、もうひとつのコンセプトである「安全の裏付け」を獲得。二〇〇四年には、有機農産物の販売機能を高めるために、しまね有機ファーム(株)の設立にも参加した(6)。

異業種間連携・業種拡大による雇用創出

過疎化と高齢化によって農業経営の継続が困難になるなかで、農家自身も農地利用を集落単位で行う集落営農に取り組んできた。大規模化によってコストを低減し、良質品を生産し、組織的販売で経営を改善して、耕作を継続してきたのである。地形的条件などのために集落営農が難しい地域では、一般企業が農業に参入して、地域資源としての農地を利用し、雇用を創出するケースがみられる。

その一つが、前述した反田さん親子が営む(有)反田組(土木建設業)である。島根県内で最初の農業特区として、二〇〇四年三月に農業参入が認められた。その具体化には、賃貸借契約を結ぶために農地所有者を探し、契約を締結して一定規模以上の農地を集積するなど、桜江町役場(当時)の企画・実践力が不可欠であった。反田組は、農業部門として「桜江オーガニックファーム」を設立して、有機JASを取得。有機農業を基本とした経営を目指して、試行錯誤を続けている。

反田組によって整備された耕作放棄地

たとえば、桜江町内で一〇年以上耕作放棄されていた河川敷の遊休地九haを畑地にし、ハトムギ、大麦、特産のゴボウを有機栽培してきた。稲作は当初二ha作付けしたが、コナギが大発生して失敗し、面積を縮小して継続中だ。そして、ハトムギは桑茶生産組合、米は酒造会社、ゴボウはJA加工場を引き継いだ自社というように、地元企業と連携して販売に取り組んでいる。労力については、当初から有機農業に関心をもつIターン者二名を受け入れ、JAから加工場を引き継いだ時点では、生産・加工部門で八名を雇用した（その後は縮小し、現在は就農を目指す研修生一名のみ）[7]。

反田組の農業参入に続いたのが、青果物卸売の（株）永島青果だ。江津市で輸入農産物も含めて内外と広範な取引を行っている永島青果は、山間地域の井沢集落（高齢化率六八％）に住む取引農家から、「台風・積雪の被害で経営困難になった」という相談を受けた。地元で新鮮で安全な市場規格外野菜が廃棄されるとともに、遊休農地が拡大している現状を見ていたので、安全な島根県エコロジー農産物[8]の生産を拡大するために、栽培委託契約による農業参入を決断したという。

取引農家の農地と機械を借り、その当主を含む正規従業員三名、パート二名を雇用し、中国人研修生三名を受け入れた。ねぎとほうれん草を中心とする葉物野菜をハウスで周年栽培し、選別・包装・加工は井沢集落で行い、農地利用、雇用創出、生産物の地元販売を実現している。

農業以外の産業への参入による雇用創出と地域づくりへの貢献も見られる。森林面積が八八％を占め、中国地方最大の江《ごう》の川とその支流域がある桜江町には、林業関連企業と治水関連の土木建設企業が立地している。こうした企業は、財政事情の悪化に伴う公共事業の縮小によって経営状況が悪化したが、前述したように住民生活の維持に不可欠で公共的側面の強い福祉や産業廃棄物処理業に業種を拡大して、地域内雇用機会の維持を図ってきた。

たとえば、（株）播磨屋《はりまや》林業は戦後木炭を生産し、一九六〇年前後の木炭から石油への燃料革命以降はチップ生産を続けてきた。二〇〇一年からは、これまでの機械設備と技術を活かせる建築廃材やパレット（荷役台）など木質系廃棄物の粉砕処理を主体とする木質系リサイクル業に転換し、マルチング材や堆肥を販売している。

また、千代延《ちよのぶ》林業（有）は、本業に加えて、行政の支援を得て猪肉処理加工施設を新設して猪肉を販売するほか、木炭の通信販売も始めた。これらの事業には、Iターン者を雇用している。さらに、今井産業（株）は閉鎖された温泉ホテルを利用して有料老人ホームを経営し、（株）森下建設は中学校の寮を利用して老人ホームを経営するとともにスクールバスの運行、ごみ収集事業に進出した。

このように桜江町内の農外企業は地域資源を活かして雇用を創出し、地域内雇用機会の縮小を防いでいる。それによって、兼業機会を確保できたために農業経営の継続が可能となり、耕作放棄地の増加をくい止めているのである。

3　地域資源の循環活用――奥出雲町

地域資源循環活用の伝統

限られた物的地域資源を有効に活用するためには、生産・加工過程で発生する副産物や完成品を原料にし、それらを地域内で循環活用して、新たな産業化を実現する必要がある。ここでは、それによって新たな雇用を創出して地域づくりにつなげている奥出雲町のケースをみていこう。奥出雲町は、一九九五年に仁多町と横田町が合併して誕生した。広島県に隣接し、古くから地域資源を循環活用して農村生活を維持してきた、典型的な山間農業地域である。

農業では、中国地方各地でみられる役畜としての繁殖牛を里山に放牧し、牛糞を水稲作の堆肥として利用してきた(9)。また、中国地方は、日本有数の和式製鉄である「たたら」製鉄が、明治時代に洋式製鉄が導入されるまで盛んであったことで知られている。奥出雲町周辺には、このたたら製鉄を営む大山林地主が存在し、その継続的生産には木炭が不可欠であった。そのためには広葉樹林の植林・管理・伐採・搬出が必要となる。こうして、農地や林地に存在する物的地域資源に、地域住民が経営および労働の対象として何らかの関わりをもつことによって、生活を維持してきたのである。

明治期に洋式製鉄導入後も、産業用・生活燃料用の木炭を製造するために広葉樹は必要とされた。燃料革命後も、干し椎茸の原木として利用されてきた。

一九八〇年代以降の循環活用による地域づくり

一九八〇年代に入って、すでに述べたように企業の海外移転が進むなかで、企業誘致と公共事業に代わる雇用機会の確保が求められるようになる。しかも、農家は高齢化しているから、軽作

旧仁多町のオガ粉センター

業が望ましい。

　当初に農家の冬場労働として検討されたのは、地域資源である広葉樹を活かした生椎茸の原木栽培である。しかし、安価な中国産椎茸が急増したうえ、重い原木の取り扱いが高齢者に敬遠され、新たに軽作業で比較的低コストの周年安定生産できる菌床椎茸栽培が導入された。種菌と生産資材は地域外産業に依存するものの、広葉樹の原木、そこから採るオガ粉、稲作農家の米ぬかといった地域資源によって椎茸の菌床を製造し、農家に提供して、周年の軽量作業による椎茸栽培が可能になったのである。

　こうした地域資源の有効活用には、広葉樹の育成・管理・伐採・搬出作業、菌床製造工場の誘致、選別・販売施設の新設が必要だ。仁多町では、地域内で付加価値を高めていこうとする産業育成の理念と、中央財源を活用しつつ町財源も措置する自治体農政が存在したために、それが実現した。

　菌床椎茸栽培はその後、稲作農家、畜産農家、地域内他産業との連携関係を深めていく。こうした地域資源

図3-2　島根県奥出雲町の物的資源循環

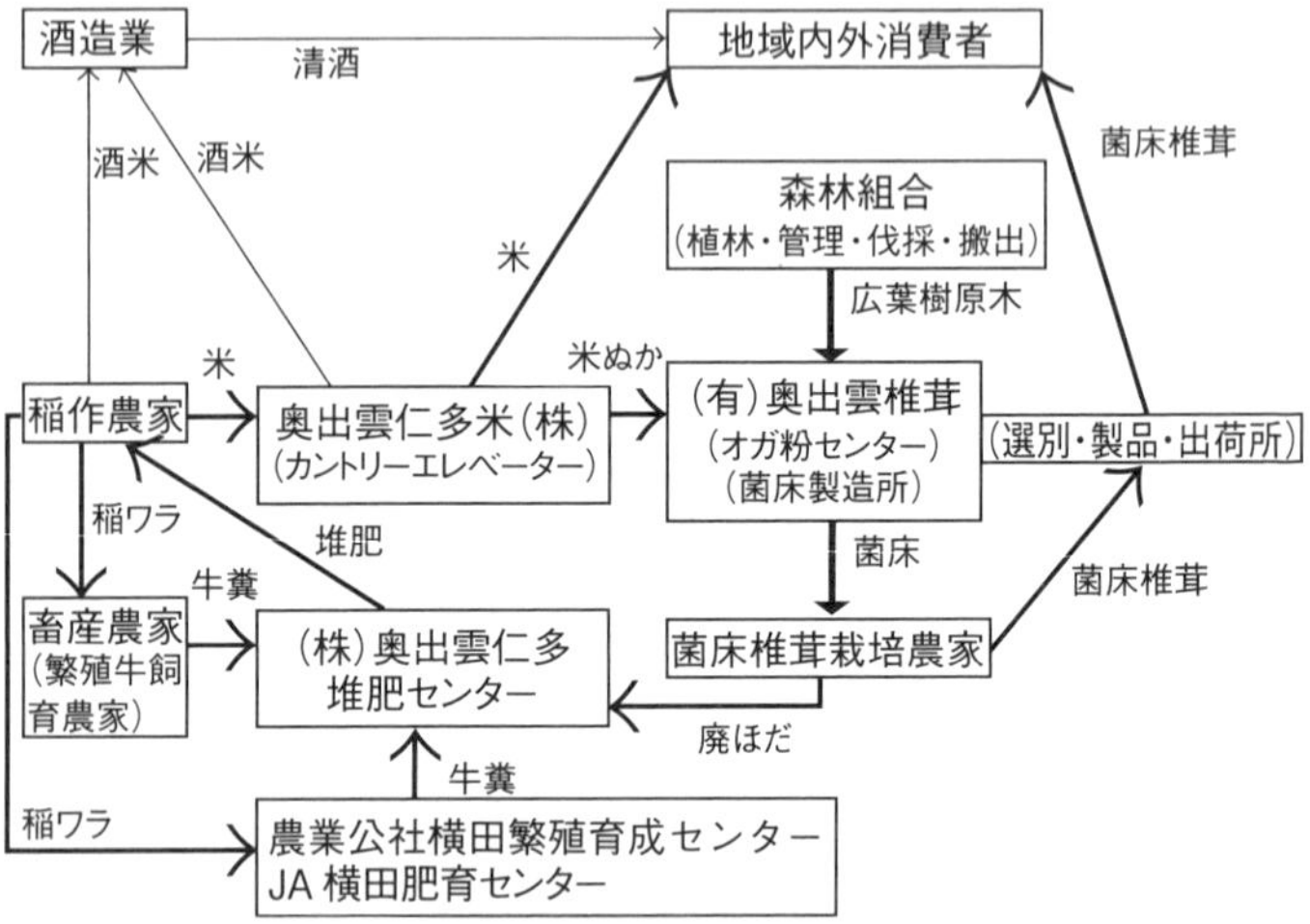

(資料)奥出雲町役場資料、谷口憲治「中山間地域における地域資源利用型地域振興と自治体農政」『農業経営研究』第34巻第3号、1996年。
(注)農業公社・(有)奥出雲椎茸・(株)奥出雲仁多堆肥センター・JA横田肥育センター・奥出雲仁多米(株)は町出資組織で、後二者は農協が管理する。これらの施設は兼業農家をはじめとする住民の雇用の場となっている。

循環の現状を図3―2に示した[10]。ここでは、人的地域資源と物的地域資源が循環活用されている。前者は広葉樹の植林・管理・伐採・搬出、菌床用のオガ粉センターと菌床製造所、椎茸の共選・集出荷場における雇用、米ぬかの稲作農家からの提供である。

二一世紀に入ると、減農薬・減化学肥料による中山間地域産の美味しい「仁多米」という地域ブランドに結実していく[11]。以前は、菌床椎茸栽培農家に稲作農家から米ぬかを提供する一方的な関係であったが、椎茸が発生しなくなった菌床のほだ木

（廃ほだ）を堆肥として稲作農家に提供するという双方向の関係となった。

図３―２に示すように、廃ほだを（株）奥出雲仁多堆肥センターに持ち込み、繁殖牛飼育農家と肥育牛を飼育する横田肥育センターなどから持ち込まれる牛糞とあわせて堆肥化する。これを稲作農家が用いて、仁多米が生産される。さらに、稲作農家は収穫後の稲ワラを畜産農家に提供する。こうして、稲作農家と畜産農家と菌床椎茸栽培農家の間に地域資源循環構造が完成したのである。

この仁多米の販売を担当するのは、奥出雲町が出資し、雲南農協が管理する奥出雲仁多米（株）である。そこでは、基準量の堆肥が投入されているかを管理・確認し、それをインターネットで消費者に伝え、東京をはじめ全国に販売している。その結果、五キロ三四六〇円で販売され、東京の小売価格より約八五〇円高い価格が実現し、資源循環を継続する経済的基盤が確立できた。さらに、仁多米の酒米を原料とした酒造業者との連携、農業公社と集落営農による生産効率化とコスト削減をとおした農業所得の確保、非農業部門での営業収入によって、農村定住の継続を図っている。

一連の取り組みは、奥出雲町が全額出資した奥出雲仁多米（株）、（株）奥出雲仁多堆肥センター、（有）奥出雲椎茸や農業公社といった第三セクターが担ってきた。地域の個性を活かした創造的政策形成の継続が、資源循環による地域づくりを実現したのである。

4　農産物の集荷・販売システム——ＪＡ雲南

集荷を伴う農産物の直売

地域内の生産物は、販売されることによって商品となり、経済的価値を実現する。そうした販売体制をとおして地域づくりを行っているのが、農産物の集荷・販売活動を行うＪＡ雲南（雲南農協）だ。(12)

ＪＡ雲南は、一九九三年二月に一〇の農協が広域合併して設立された。その領域は、松江市の南の雲南市、奥出雲町、飯南《いいなん》町で、広島県に隣接する。松江市と広島市を結ぶ国道五四号線が縦貫しており、その沿線の道の駅には農産物直売所が一九九〇年代に設置され、農家の現金収入源となっている。

農産物の直売システムは、農村女性の経済的自立を目指した一九五〇年代の農村生活改善運動を起源とする。一九八〇年代以降の兼業機会の減少によって再び注目されだした。これは、消費者が健康で安全・安心な食生活に関心を示すようになり、新鮮で安全な農産物への嗜好が高まったからである。当初は集落内でスポット的に無人販売されていたが、やがて広域で恒常的な有人販売となっていく。

一方、市場規格の出荷ができないため、野菜を作りはするものの、自給用以外は放置していた

松江市内のスーパーのインショップ

小規模農家が少なくない。その多くは、高齢のため、直売所へも出荷できなかった。そうした農家へのJAとしての対応を考えていた担当職員の発議で、JA本店に近い木次《きすき》町・吉田村・三《み》刀屋《とや》町(当時、現在の雲南市)から集荷して、松江市の大型スーパー内の一隅(約一〇坪)を借りてインショップ販売(量販店の一角に直売所と同様の形式で農産物を並べる販売方法)を、一九九八年に始めた。このスーパーを選んだのは、管内の木次乳業(第1章参照)が先行して販売していたからだという。その後確立した農産物集荷・直接販売システムが図3—3である。

　翌年には専任職員による集荷を推進し、地元民間軽貨物配送業者を利用した「産直商品集荷配送システム」を導入。あわせて、POSシステム(バーコードを利用した商品管理)による精算体制を確立する。

　さらに二〇〇一年四月、管内の産直組織の連携を目的として、奥出雲産直振興推進協議会が組織された。一〇月には当時の雲南一〇町村(飯石《いいし》郡赤来《あかぎ》町、

図３−３　ＪＡ雲南管内におけるネットワーク型直売所

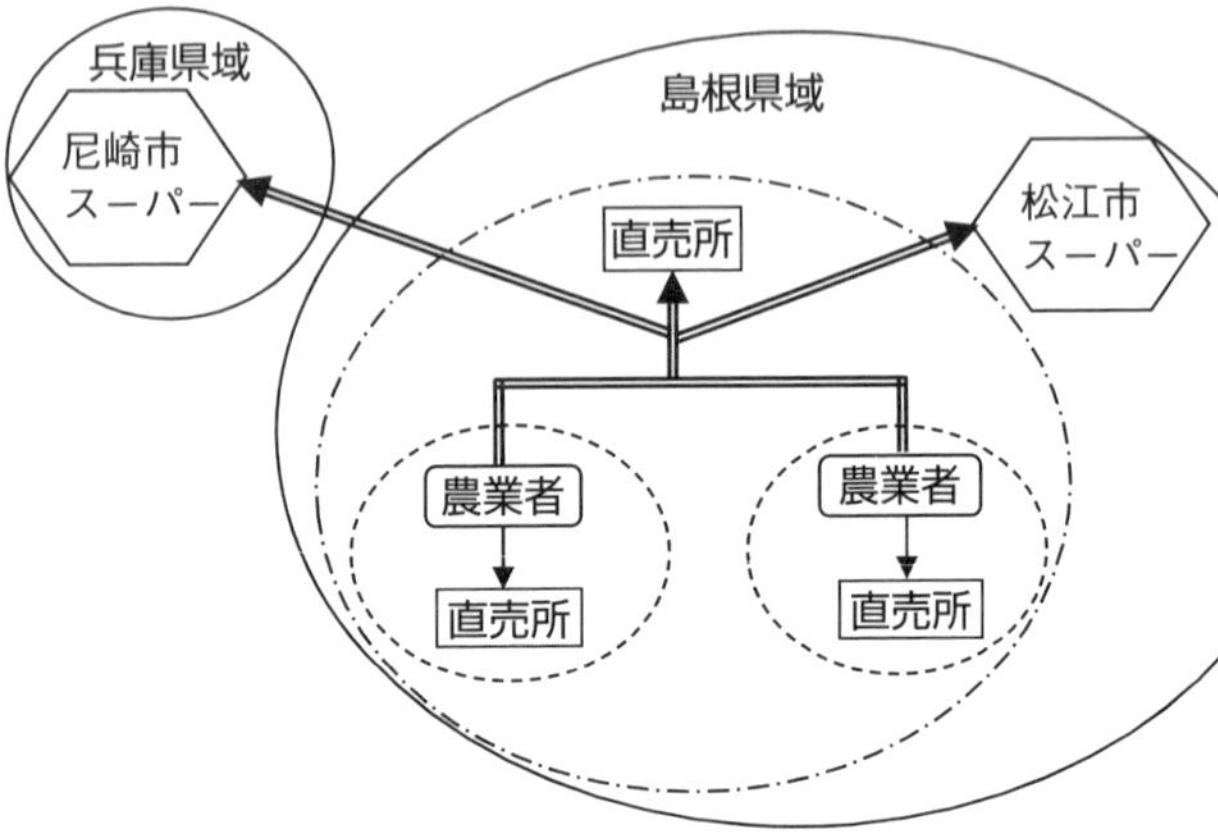

（注）→自己輸送、⇒委託輸送、------市町村域、−·−·JA 雲南管内。

掛合《かけや》町、頓原《とんばら》町、三刀屋町、吉田村、大原郡加茂町、木次町、大東《だいとう》町、仁多郡仁多町、横田町）、ＪＡ雲南、生産者組織の協力で、道の駅「さくらの里きすき」内に、広域産直施設（雲南一〇町村の生産者が誰でも出荷できる）「たんびにきて家《や》」が開設される。出雲地方の方言で「頻繁に来てほしい」という意味である。ＪＡ雲南はその事務局を担当し、奥出雲マーケティング本部という販売担当部署を設置した。

　二〇〇二年五月からは軽貨物配送に加えて、地元運送業者による専用トラック配送システム（毎日二コース）を実施。出荷者の要望で設置した約五〇の集荷所から集荷し、さくらの里きすきと松江市のインショップに配送した。翌年からはＪＡ電算センターと連携して、Ｗｅｂを活用した個人ごとのＩＤコード・パスワードで販売情報の取得が可能になる。

農産物直売所「たんびにきて家」(雲南市木次町)

こうして販売施設・配送システム・販売網が整備され、中山間地域で採れた山菜の漬物、弁当や餅など多様な加工品も導入され、品ぞろえのよい直売所として高い評価を受けた。一九九八年度には六〇〇〇万円に満たなかった販売額は、二〇〇一年度には二・七億円、二〇〇四年度には五・二億円と急上昇していく。二〇〇五年からは、周辺市町村向け以外に、大消費地向けとして兵庫県尼崎市のスーパーでも販売を始め、「地産都商」と名付けた(当初月一回、現在は月二回)。

つくる人の五つの誓い

供給面では、奥出雲産直振興推進協議会が二〇〇六年に「奥出雲独自の産品開発をめざし、栽培技術や商品開発を指導」して産地形成を行う「産地相談員」(アグリキャップ)制度を創設し、島根県雲南事務所農業普及部が定着に向けて支援していく。二〇一二年度の販売実績は六・八億円である。

「独自の産品開発」は、「奥出雲つくる人の五つの誓い」に基づいて行われている。「奥出雲から『ほんものの食文化』を届ける」ために「食の提案者として次の五つの約束を守り、生産者・JA雲南が一体となった『こだわりのものづくり』に取り組みます」とした。以下、引用しておこう。

〈1　第一に土づくりに徹します。

農産物を作る前にまず、土壌と作物にあった堆肥を選び、土づくりに努めます。

2　農薬に頼らない栽培方法を行います。

農産物生産はできる限り「無農薬」「減農薬」に努めます。使用する場合は、「何のために、どんな農薬を、いつ使用したか」を自分だけでなく、第三者にもきちんとわかるように記帳をします。

3　加工品の原材料は奥出雲のものを使います。

加工品は、自らが生産したものを主原料に使用し、島根県奥出雲地方の特徴を生かした商品づくりに努めます。

4　商品には自信と責任を持ちます。

生産・出荷・価格設定は出荷者の自己責任によるもので、品質の信頼を常に求めます。

5　奥出雲地域の振興を考えます。

「地産地消・地産都商」を通じ、消費者と島根県奥出雲の人との出会い、ふれあいを大切にし、奥出雲地域の農業と地域の振興を考え、生きがいと協同をモットーに豊かな社会を目指し、安全・安心な農産物生産に努めます〉

こうした理念のもとに、島根県エコロジー農産物作りを目指し、その対象商品は二割くらい高価格にして、独自の「産直エコファーマーシール（オレンジシール）」を貼付している。環境保全を重視した方法で栽培指導を行い、持続的産地づくりを行ってきたのである。そして、農産物直販システムは、市町村域を超えた広域直販と旧町村域の直販施設が重層的に存在し、情報の共有を図りながら産地育成機能をもつネットワークを形成している。

5　地域資源を住民の判断で利用するシステムの構築

本稿では、大都市市場から離れ、農業経営面積が小さく、高齢化が進んだ中山間地域を多くかかえているために条件不利地域の典型ともいわれる島根県における、地域資源を利用した地域づくりについてみてきた。物的・人的地域資源に恵まれていないのは事実であるが、そうした条件を改善しようとする努力と、それを少しでも安定させていこうとする創造的なシステムが明らかになったといえるだろう。

「限界地」とされていた江津市桜江町では、人的地域資源がIターン者・Uターン者によって補完され、彼らの発想から物的地域資源が発見され、地域づくりの経済的基盤となった。奥出雲町では有機質肥料という地域資源が循環活用され、良質米のブランド化に成功し、自ら販売している。ＪＡ雲南では先覚的な企業の販売方法にヒントを得て、直売所とスーパーのインショップを重層的に活用した販売システムを構築した。

これらの地域づくりに共通しているのは、地域資源を住民自らの判断で利用するシステムの構築である。そこでは、地域資源の量的制約と質的特性を考慮した利用システムが確立されている。地域資源を発見し、循環的に利用・加工して付加価値をつけ、そうした生産物の特性を理解する人びとに提供しているのである。それらは安全・安心で美味しい農産物を基本としており、有機農業をとおして培われてきた「地域外需要へ無原則に供給され」ない「地域自給」による地域づくりの考えに相通ずるといえよう。

（1）「コミュニティ・ビジネス」「農商工連携」「六次産業化」については、谷口憲治「集落営農の『六次産業化』と『コミュニティ・ビジネス』による農村振興」（『農業と経済』二〇一二年四月号）を参照されたい。ここでは、地域資源を「地域活性化のために利用し得るもとになるところの地域に賦存する物質や人材」という一般的規定とする。詳細は、酒井惇一『農業資源経済論』（農林統計協会、一九九五年）三三ページ。また、永田恵十郎『地域資源の国民的利用』（農山漁村文化協会、一九八八年）、目瀬守男『地域資源管理学』（明文書房、一九九〇年）も参照されたい。

（2）「農林漁業が真に衰退に向かうのは〈ストック〉の再生力を超えた収奪が行なわれるときである

……生産物が物質循環を可能とするある一定の地域内需要あるいは地域内市場の範囲を超えて商品化し、地域外需要へ無原則に供給されはじめるときに起こるということになる」といった「問題の解決の糸口として、『地域自給経済』という視点が重要な価値視角となるのである」という。多辺田政弘「地域自給の現在的意義」国民生活センター編『地域自給と農の論理――生存のための社会経済学』学陽書房、一九八七年、七～八ページ。大江正章「開かれた地域自給のネットワーク」『地域の力』岩波新書、二〇〇八年、一～二五ページ。

（3）グローバリゼーションの成立条件と内容については、佐和隆光「グローバリゼーションの光と影」（『市場主義の終焉』岩波新書、二〇〇〇年）を参照されたい。

（4）（2）にも示したとおり、地域資源を活用した地域づくりにおいて「地域自給経済」が「重要な価値視角」であり、地域資源を最大限利用するためにも地域内の農業と非農業との連携が必須となる。このことについて筆者は「農村経営」という視点を示した。谷口憲治『中山間地域農村経営論』（農林統計出版、二〇〇九年）を参照されたい。

（5）野田公夫『限界地における高借地率現象――島根県邑智郡桜江町の事例』（農政調査委員会、一九八五年）に詳しい。

（6）http://www.shimaneorganicfarm.com/company/ を参照されたい。

（7）（有）反田組は二〇一〇年に（有）はんだになり、二〇一一年には土木部を廃止した。「有限会社はんだ――自然栽培農産物及び有機栽培農産物の生産」（http://handa-shizensaibai.jp/index.phd）を参照されたい。

（8）二〇〇〇年に島根県が独自に設けた「島根県エコロジー農産物推奨制度」に基づく。詳しくは「島根県エコロジー農産物推奨要領」(http://www.shimane.lg/industry/norin/seisan/kankyo_suishin/ecoyuki/eco/)および一七五ページを参照されたい。

(9) 前掲(1)『地域資源の国民的利用』二三二〜二五三ページ。「中国地方の地形的特徴」を「急峻で平坦部に乏しい」とし、そこにおいて「独自の地域資源管理システムが中国地方の山村で成立する基礎となった」とし、「水田+里(畑)山+山という個性的な地形をいかした地目・作目の有機的・連鎖的な結合システムが、島根県の山村で成立……人々はこのシステムのもとで、米+和牛+木炭+特産物(楮《こうぞ》、和紙、大麻、養蚕等)を収入源として、自らの生活を営んでいた」としている。

(10) 谷口憲治「地域個性としての地域資源を活かした農業・農村振興」(『農業と経済』二〇一〇年四月号)を参照されたい。

(11) 中山間地域は平地と比べて温度差が顕著で、糖分の蓄積が多い。また、奥出雲町は有機質豊富な土壌に恵まれているために良質米産地とされる。一九九九年から米・食味分析鑑定コンクール・国際大会が開催されており、奥出雲仁多米(株)のコシヒカリは、二〇一〇年から一二年まで三年連続、総合部門で最高位にあたる金賞を受賞している。詳しくは http://www.syikumikanteisi.gr.jp/13kon-shinsa.htm を参照されたい。

(12) 須山一・谷口憲治「中山間地域再生に向けた農協の役割」(『協同組合研究』第二七巻第二号、二〇〇八年)、谷口憲治「営農経済事業改革で蘇った農協組織活力による地域振興——直売所のネットワーク化の取り組み」(『農業と経済』二〇一〇年八月号)を参照されたい。

第Ⅱ部

自治体と有機農業

小規模な畑に有機農業で多品目を栽培する（旧柿木村）

第4章　自給をベースとした有機農業——島根県吉賀町

福原庄史・井上憲一

1　過疎化が進むなかでの新しいスタート

島根県鹿足《かのあし》郡の旧柿木《かきのき》村では、高度経済成長に伴う過疎化に直面するなか、一九七三年の第一次オイルショックを契機に、農林家の後継者たち（柿木村農林改良青年会議）が自給を優先した食べものづくりこそ山村の豊かさであると提案し、村をあげて有機農業運動に取り組んできた。二〇〇五年一〇月に旧柿木村と旧六日市《むいかいち》町が合併して吉賀《よしか》町（旧柿木村と旧六日市町は古くから吉賀地方と呼ばれていた）となってからも、それを継承して現在に至っている。

急速に進む少子高齢社会のもとで、私たちはいま、現実をしっかり捉え直し、変える必要があれば価値観やライフスタイルを変え、守るべきものはしっかり守っていくという視点が求められている。それを考える一助として、本章では、これまでの有機農業運動の展開過程を整理したうえで、自給をベースとした有機農業のあり方と今後の課題について検討したい。

吉賀町は島根県の南西部に位置し、総面積は三三六㎢、林野率は九二・二%にのぼり、集落は二〇〇〜四〇〇メートルに位置する。町の周辺には安蔵寺《あぞうじ》山や鈴《すず》ノ《の》大谷《おおたに》山をはじめとする一〇〇〇メートル級の山々が嶺を連ね、中心部を一級河川の高津《たかつ》川が貫流する、豊かな水と緑に囲まれた農山村地域である。多くの命を育む高津川は、二〇一一年七月に発表された全国一級河川水質ランキング（国土交通省）で三年ぶりに日本一に返り咲き、流域住民の誇りとなっている。

旧柿木村は、藩政時代津和野藩に属し、参勤交代の主要街道に集落を配し、藩主の食する御用米を生産するなど、清らかな水と豊富な樹種を擁する山林からの林産物が地域経済の主要な収入源となっていた。一八八九（明治二二）年の市制・町村制施行とともに発足し、二〇〇五年一〇月の合併まで、一一六年にわたり行政区域を変えることなく続いた歴史をもつ村である。一方、旧六日市町は古くから山陰・山陽両道を結ぶ交通の要衝として発展し、江戸時代には津和野藩主・吉見氏と亀井氏が参勤交代する際の一日目の宿場町として栄えていた。

このように、いずれも長い歴史とともに発展してきたが、第二次世界大戦後の高度経済成長にともない、その姿は一変する。多くの農山村地域と同様に、過疎化が進んでいった。一九六〇年の両町村の人口は一万三八七六人であったが、二〇一〇年には六八一三人と、五〇年間で五一%も減少し、高齢化率は四〇%に達している。一九八三年三月には中国自動車道六日市インターチェンジが開通し、広域交通網の整備による地域経済の活性化が期待されたが、過疎化の歯止めをかける要因とはなりえなかった。

戦後の日本は物質的な豊かさと便利さを実現したが、高度経済成長期以降は一転して低成長経済に転じる。自治体の厳しい財政運営、地方分権社会の到来、さらに二〇〇〇年代に入って循環型・持続型社会の再評価など、社会経済情勢はめまぐるしく変化している。

農山村の活動拠点は集落であり、農林業は生産と生活が一体となっているという特徴をもつ。農林業を営むためには、田役（田んぼや畦畔の保全管理）、道役（畦道や農道の保全管理）、農水路の保全管理など、社会的共同性の維持が前提となる。しかし、現在の農山村では、社会生活の担い手の再生産が困難だ。過疎化にとどまらず、「限界集落」、さらには「消滅集落」へと事態が進行し、崩壊への危機を深めつつある。

こうした社会情勢のなか、旧柿木村と旧六日市町は対等合併を実現し、新しい時代に合ったまちづくりを目指して、「新生吉賀町」としてスタートを切った。二〇一〇年の産業別就業者割合は、第一次産業一七%、第二次産業二六%、第三次産業五七%であり、島根県平均と比較して、第一次産業のウエイトが九ポイント高い。農業就業者数は七七六人、農家数は九五二戸（うち主業農家五三戸）だ。販売農家六五五戸のうち、五七六戸（八八%）が販売用の米を、一五〇戸（二三%）が販売用の野菜を作付している。野菜は、じゃがいも、大根、トマトをはじめ、多種類が栽培されている。

2　旧柿木村の有機農業運動

自給運動と消費者グループとの提携

一九五〇〜六〇年代、旧柿木村では農産物は換金作物ではなく自給的な食べものであり、椎茸、わさび、栗などの林産物で現金収入を得ていた。しかし、第一次オイルショックで、原木椎茸の乾燥に使用していた重油の価格が二倍にはね上がり、機械化に支えられた単作と商品生産の危うさを痛感する。

そこで、農林改良青年会議のメンバーが中心となり、自給を優先した食べものづくりこそ山村の豊かさであると提案し、椎茸、わさび、栗などの特産振興に加えて、有機農業による自給運動を始めた。この自給運動では、小農有畜複合経営が基本にすえられている。

その内容は、家族のためを第一とする米や野菜作り、食文化の継承（味噌、そば、餅、梅漬け、わさび漬け、山菜や薬草の利用など）、自給養鶏（五羽程度）、林産物（イノシシを含む）や水産物（鮎、山女魚《やまめ》、うなぎなど）の利用、エネルギーの自給（薪や炭の利用）など多岐にわたる。だが、当初は村内で自給運動への理解が進まなかった。

一九七五年ごろから、山口県有機農業研究会に加入して、山口県の消費者と学習・交流活動をスタートさせる。それが縁で、一九八〇年一〇月に岩国市の消費者グループから、家族のために自給している農産物を供給してほしいという依頼があった。そのとき届いた手紙（一六一ページ）は、その後の自給運動の原点となっている。

早速、一〇月に「有機農業を考える会」発起人会を開催し、農林家の後継者たちを中心に具体的な検討に入る。しかし、若い後継者だけでは自給的農産物の生産に自信がなかった。そこで、当時の農協婦人部の役員に趣意書を送り、支援を要請。翌一九八一年一月、「柿木村有機農業研究会」（以下「有機農業研究会」）を約一五名で発足させ、「住みよい環境、健康な村づくり」を目指して、以下のような活動目標を掲げた。

「健康な暮らしを守るために

①有機農業による野菜の自給と供給、②食品添加物の追放と無添加食品・無公害手づくり食品の普及、③玄米食の普及

環境保全と家庭の経済を守るために

①合成洗剤を石鹸に切り替えよう、②資源とエネルギーの節約利用、③情報収集、会報の発行」

そして、発足と同時に日本有機農業研究会に団体加入し、一九八一年二月に福岡県糟屋《かすや》郡須恵《すえ》町で開催された総会・大会に参加した。一九八二年には消費者のカンパも得て農産物の運搬トラックを購入。消費者グループと村内交流会を開催し、村内の学校給食への供給も開始する。当初は、玉ねぎやじゃがいもなどの根菜類や余った自給用の味噌が中心であった。

熟れたトマトの味; プーンとにおうきゅうり、したたるリンゴの露……幼い日に食べた野菜・果物の味や香りはどこにいったのでしょう。

しかし私たちの生活はあふれる野菜や卵、あり余るお米に囲まれています。

私たちの食生活は量はあっても質が豊かになったとは決して言えません。土が病むとき、土から生産される食物も病んできます。地上に生きる者たちもその食物を食べてやがて、いつかは病んでくるでしょう。

急速な農業近代化によって様々なゆがみが言われている昨今、私たちは日々食している卓上の食物に無関心ではいられません。この食物は大丈夫かしらと問う前にいま一度、病んでいる土を新しくする術はないかしらと、この度消費者たちが集まって土を見直す会を発足させました。

これは化学肥料・多農薬の農業を見直す生産者とともに有機農業による自然の均衡を取り戻す食生活をと志したささやかな会です。どうぞ、私たちの小さな運動が生産者にも理解され、ひいては土をよみがえらせる一端になればと考えます。皆さんのご協力をお願いします。

昭和55年10月

新土（あらつち）の会

広島市のスーパーに設置していた直売コーナー

その後、学校給食へ本格的に味噌を供給するため、元稚蚕飼育所を借りて製造許可を取得する。そして、順調に注文が増えてきたため、村に要望して一九八六年に農産物加工場を竣工した。さらに一九八八年からは、岩国市、徳山市（山口県、現・周南《しゅうなん》市）、益田市（島根県）の消費者に、特別栽培米（農薬と化学肥料を慣行栽培の五割以上削減）の供給を始めた。現在の提携先は、この三市の消費者グループ（計四団体）をはじめ、光市（山口県）学校給食センター、広島市西部学校給食センターと調理場、グリーンコープ連合（本部：福岡県）、スーパー（山口市・益田市・広島市・廿日市《はつかいち》市）である。

これらはいずれも、ビジネスとしてではなく、個人の自給的暮らしの延長として行われている。また、自分で販売先を確保できる農業者にはその取り組みを奨励してきた。そのため、有機農業研究会では年間供給量・金額の推移は把握していない。ただし、消費者との提携が着実に定着していることは間違いない。

　また、消費者との交流を契機に健康や環境を守る運動が展開し、農薬や化学肥料を使わない農業に加えて、食品添加物や合成洗剤を使わない活動が始まった。

健康と有機農業の里づくり

　有機農業研究会の着実な運動が村内で広く認められ、一九九一年策定の柿木村総合振興計画では「健康と有機農業の里づくり」が位置づけられる。こうして、自給をベースとした有機農業は村をあげた取り組みになった。この総合振興計画における村づくりの基本目標は、①健康と有機農業の里づくり、②都市との交流、③福祉の里づくりである。

　現在、米の減農薬栽培を含めると、ほとんどの農家が有機農業を実践している。農産物の栽培は平均で六〇品目(多い人は八〇〜一〇〇品目)にも及ぶ。自給の余剰分を供給する活動も定着し、多品目の豊かな食べものづくりが実現した。

　それは、「健康と有機農業の里づくり」を推進する第三セクター「株式会社エポックかきのきむら」の設立(一九九三年)、道の駅「かきのき村」(一九九七年開設)での農産物(米、野菜、椎茸)と農産加工品(味噌、餅、わさび漬、豆腐、干し鮎、天然酵母パンなど)の販売につながっていく。村では自主栽培基準をもうけ、農薬と化学肥料を二年以上使わない農地で収穫された野菜と米を

道の駅「かきのきむら」の入口

それぞれV1、R1と表示している。一九九九年以降は、農協（JA西いわみ）の有機農産物流通センターが有機農業研究会の農産物を取り扱っている。

また、総合振興計画では過疎対策として次の目標を掲げた。

「毎年六世帯、一〇年間で六〇世帯の雇用・就業の場を確保し、U・Iターン者を迎えると、人口減少に歯止めをかけることができる」

そして、一九九三〜二〇〇〇年の七年間で、Uターン者は六二世帯一〇五名、Iターン者は一六世帯二六名、合計七八世帯一三一名にのぼっている（二〇〇一〜〇三年度の四五歳以下のU・Iターン者は二四世帯四一名）。これは、村の定住対策の成果であるが、村をあげた「健康と有機農業の里づくり」にU・

Ｉターン者が共感・賛同したことが大きい。

これら一〇年間の成果をふまえ、二〇〇一年に改訂された柿木村総合振興計画においても、「健康と有機農業の里づくり」は継承される。そこでは、「三つの共生」「有機農業のめざすもの」として以下の基本理念を掲げ、村民と共有することが明記された。

「三つの共生

①自然との共生、②人と人の共生、③むらとまちの共生

有機農業のめざすもの

①安全で質のよい食べ物の生産、②環境を守る、③自然との共生、④地域自給と循環、⑤地力の維持培養、⑥生物の多様性を守る、⑦健全な飼養環境の保障、⑧人権と公正な労働の保障、⑨生産者と消費者の提携、⑩農の価値を広め、生命尊重の社会を築く」

アンテナショップの設置

二一世紀に入り、公共事業の減少が予想されるなかで、村民の所得確保のため、二〇〇三年四月にアンテナショップ(店舗面積一五〇㎡)をオープンした。場所は、柿木村から約六〇キロ離れた旧津和野街道沿いの広島県廿日市市《はつかいち》(人口約一二万人)で、車で約一時間半かかる。村の設置予算は三五〇〇万円(現在、吉賀町からの補助はない)、七名(正職員二名、パート五名)を雇用し、初年度は六〇〇〇万円、二〇一一年度は六五〇〇万円の売り上げを達成した。

人口約一八〇〇人（当時）の村がアンテナショップを出店することは、品物を常時そろえるという点で非常な困難が伴う。その実現は、単作による特産振興や商品生産ではなく、山の幸や川の幸、山菜、野菜、乾物、加工品などさまざまな地域資源を活かした、自給をベースとした食べものづくりを長年にわたり続けてきた成果である。

3　吉賀町農業の目標と課題

合併後も有機農業を推進

全国の農山村で過疎化と高齢化が同時に進行し、地域活力が低下していった。耕作放棄地の増加は美しい農村景観を失わせ、農地としての利用価値を激減させ、集落共同体としての「ムラ」の崩壊を招き、いわゆる「限界集落」も増加している。こうした状況のなかで、吉賀町は総合計画において、①基幹産業である農林業の振興、②定住・交流人口の増加、③「ムラ」機能の再生の三点を課題と捉え、取り組むべき目標を次のように掲げた。

①環境にやさしい有機農業を全町的に推進する。

②豊かな地域資源を生かした定住・都市農村交流を推進する。

③地域や各グループと連携し、担い手を育成する。

そして、①〜③について以下の取り組みを行った。

①有機農業推進協議会の設置、有機農業推進計画の策定、有機農業塾の開催。
②U・Iターン対策の推進、有機農業・食育講演会の開催。
③農産加工研修の開催、「道の駅やくろ」の設置、各種イベントへの参加。

旧柿木村で育んできた有機農業運動を、旧六日市町との対等合併後も全町あげて取り組むことにしたのである

山村の豊かさを実現する自給的取り組み

こうして吉賀町でも、自給をベースとした有機農業を基盤とした消費者や学校給食への農産物の供給が続いた。一貫して、地産地消を基本に、できるだけ近くの消費者への供給に努めている。消費者グループ、学校給食、生協、スーパーなどの供給先は、これまでと変わらない。

国の食育推進基本計画では二〇〇六年に、二〇一〇年までに地場産物を三〇％以上使用することが定められた。吉賀町の地場産物活用率は七〇％で、そのほぼすべてが有機農産物である。米をはじめ、野菜、卵、味噌、加工品に加え、鮎なども供給している。

また、学校給食に地場の標準米を使用すると水田利用再編対策助成金が支給されていたが、旧柿木村と旧六日市町は国の助成対象とならない地場の自主流通米を使用したため、独自に予算を組んで助成を行った。二〇〇〇年に国の助成事業が廃止されてからも、吉賀町独自に予算を組んで生産者に差額分を補償し、保護者の給食費負担が増えないように配慮している。さらに、町内

子どもたちに伝統的な農業の技を伝える
(手押し除草器による水田の除草)

のすべての小学校(五校)で、地域住民の協力のもと、米・大豆・野菜・わさびの栽培や豆腐などの加工品づくりを行ってきた。これらをとおして食の大切さを学ぶためである。

森は大気を浄化し、生き物を育み、森からの養分が大地・川・海の生き物を豊かにする。流域の循環のなかに里の豊かさがあり、森・里・海の保全が重要な課題となる。そこで私たち流域住民は、水と緑を守り、流域をひとつにし、他地域と交流して衣食住を供給できるような体制を目指している。

具体的には、薪や木炭、椎茸の原木になる流域のナラやクヌギを更新し、若い芽を出させることで二酸化炭素を吸収させる。こうして森を若返らせて、川や海の生物の多様化を助けるのである。また、高津川流域の木材(スギ、ヒノキ、マツ、クリ、ケヤキなど)

を使用した家づくりをすすめてきた。流域三市町(吉賀町、津和野町、益田市)の新築・増改築は二〇〇九〜一一年の平均で五五戸におよぶ。町内にある二つの温泉施設には、チップボイラー、五つの小学校にはペレットストーブを導入した。さらに、柿木小学校による間伐・植樹体験、棚田での農作業、川の生き物調査、NPO法人(エコビレッジかきのきむら)による森の自然体験、川の生き物観察をはじめ、流域の子どもたちと森・里・海を守る活動にも取り組んでいる。

四つの課題の克服

一九七〇年から国が進めてきた米の生産調整(減反)によって、集落の農地や生活は危機的な状況にある。今後の集落がどのような状況になるかを想定しながら、集落ごとのきめ細かな対応を行っていかなければならない。

二〇〇七年に始まった経営所得安定対策は、戦後農政の大転換といわれている。なかでも「水田・畑作経営所得安定対策(当初は「品目横断的経営安定対策」)」は、すべての農家を対象にしてきた品目ごとの価格政策から、「担い手経営」を中心にした所得対策に大きく転換させるものであった。その後、二〇一一年から本格実施された「農業者戸別所得補償制度」は、対象を「担い手経営」に限定せず、すべての販売農家を対象としたが、その見直しが想定されている(二〇一三年から「経営所得安定対策」へ名称変更)。所得安定対策の動向は、日本の農業・農村のあり方を大きく左右するものである。

いずれにしても、支援対象を大規模経営にしぼりこむような政策では、自給を優先した食べものづくりを掲げてきた吉賀町の農業・集落の将来に明るい展望を見出すことはできない。したがって、新しい町づくり計画を発展させて具体的な産業振興を提案し、実践していく必要がある。そのためには、次の四つの課題を克服しなければならないと考える。

①山間地農業の方向性を明確にする

吉賀町のような狭く傾斜した耕地をもつ山間地においては、経営規模の拡大による競争力の発揮には限界がある。そもそも、規模拡大が今後の農業経営の唯一の発展方向とは思えない。吉賀町が目指す方向は、将来にわたって安定的経営を維持し、他の産業に波及効果を及ぼしていく農業の確立である。そのためには、農地や里山を有効に活用しながら、農地を集積せずに、少量多品目(穀類、野菜、果樹、山菜や薬草、きのこ、卵、農産加工)の自給を優先した有機農業による小規模複合経営の推進によって、小農の豊かさを追求していくことである。そして、消費者との提携や都市との共生のなかで、農業・農村の「あるべき姿」を実現する道筋を明確にしていかなければならない。

②有機農業運動の拡大と住民の健康づくり

一九七〇年代以降、「大量生産、大量消費、大量廃棄」による地球的規模での環境負荷、さらには地球温暖化問題がクローズアップされている。農業分野も例外ではない。その結果、「農業の持続的発展」と「自然循環機能の維持・増進」が提唱されるようになった。

吉賀町が推進してきた有機農業は、環境破壊や生命破壊を伴わない。しかも、農業の生産環境がいっそう悪化しても、消費者との信頼関係に基づく農業生産と農業経営は安定的に維持できると考えられる。吉賀町有機農業推進協議会（農業委員会、生産・加工組織、小学校栄養教諭、実需者、ＪＡ、農業公社、農業共済組合、島根県農林振興センター、吉賀町）を中心に、有機農業を高齢者から子どもまで日常の暮らしに浸透・発展させ、自然循環を守りながら、子どもたちの環境保全活動や食育、あるべき山村の農林業を追求しつつ、産消提携を発展させる取り組みが必要である。

③所得の確保と集落の維持

吉賀町のような山間地域では、専業的な担い手農家は限られている。兼業で農地や集落を維持しながら、必要な所得が確保されるような形態を目指していかなければ、集落の維持は困難である。また、自然条件から考えると、単一・単作による所得の確保は難しい。兼業所得を前提として、多くの小農が生き生きと暮らし、集落を維持、活性化できるような対策が最大の課題である。そのためには、可能なかぎり農地の集積はせず、年齢や体力に合わせて耕し、都市との交流のなかで消費者の支援も期待しながら農地の維持を図ることが求められる。

流通は、交流できる範囲が原則だ。青空市、学校給食、道の駅、町内の温泉施設や飲食店、消費者との提携、アンテナショップ、町内外の自然食レストランやスーパーなど、できるだけ身近なところから販売体制を整備していく。こうして、地産地消やグリーンツーリズム資源の開発も含め、複合経営・複合収入による所得の確保が重要である。

④高齢者の知恵・知識の継承

住民が健康に暮らすためには、山、里山、川、農地といった環境資源を有効に活用した循環的な社会システムの構築が必要だ。その際、高齢者が有している自然や資源の上手な使い方の知恵や知識が不可欠となる。集落の伝統文化や手作りの技の継承も急がれる。これらは、高齢者の生きがいや健康づくりにも多大な効果を与える。食べものの生産、伝統的な加工法、竹や藁を利用した生活工芸品の作り方など、高齢者の知恵と知識を積極的に活用して暮らしに取り入れ、後世に伝えていき、集落や地域の伝統を守っていかなければならない。

4　自給的暮らしの豊かさを実現させる町づくり

今後一〇年間に集落が直面する最大の課題は、これまで集落を支えていた世代が逆に「支えられる」立場に移行することである。こうした大きな転換期にある現在、生産者も消費者も、さらにその先を見通し、生活の見直しを追求するためにどんな取り組みが必要か、日々の地域での話し合いに積極的に関わることが大切だと考えている。

所得や利便性が高まったとしても、農民が農地を耕さなくなり、職人が技を忘れてしまうようでは、本末転倒である。お金や利便性を優先した都市的な生活の追求を見直し、自然や人との共生による自給的暮らしの豊かさを実現させるための新しい町づくりに、私たちはこれから取り組まねばならない。

第5章　島根県の有機農業推進施策

塩冶隆彦

島根県は二〇一一年度に、県単独事業として「みんなでつくる『しまね有機の郷』事業」を創設した。また、二〇一二年度からは、全国の県立農業大学校で初めてとなる有機農業専攻を農林大学校農業科に設置するなど、有機農業の拡大・担い手育成に本格的に取り組みだしている。二〇一二年度から新たな計画年度がスタートした「島根総合発展計画(第二次実施計画)」や「新たな農林水産業・農山漁村活性化計画」にも有機農業の推進を施策として明確に位置づけ、推進目標も定めたところである。本章では、これまでの取り組みや有機農業推進の考え方を紹介する。

1　環境保全型農業の推進

島根県エコロジー農産物推奨制度の概要

環境保全型農業は、「農業の持つ物質循環機能を生かし、生産性との調和などに留意しつつ、土づくり等を通じて化学肥料、農薬の使用等による環境負荷の軽減に配慮した持続的な農業」（「環境保全型農業推進の基本的考え方」一九九四年四月、農林水産省環境保全型農業推進本部）とされている。島根県においても、農林水産省が示す考え方に基づいて推進を図ってきた。

一九九九年七月には、持続性の高い農業生産方式の導入の促進に関する法律（以下「持続農業法」）が制定され、いわゆるエコファーマー制度(1)が創設される。そこで、エコファーマーとなって環境保全型農業に取り組む生産者を拡大するため、二〇〇〇年に島根県独自の農産物推奨制度である「島根県エコロジー農産物推奨制度」をスタートさせた。

この制度で推奨を受けるためには、農業者は原則としてエコファーマーでなければならない。また、エコファーマーの認定は、化学肥料（窒素成分のみ対象）や農薬を地域の慣行農法（地域で従来から行われている方法）の使用量から三割以上削減することが条件となっているが、この制度では五割以上削減することを推奨の条件としている。エコファーマーが、「五割以上削減」で栽培した農産物を県知事が推奨し、その農産物に県の作成した推奨マークを貼付するというのが、制度の大まかな仕組みである。

この制度を環境保全型農業に取り組む農業者の拡大につなげるためには、農業者の取り組みが広く消費者に認知され、その農産物を選択してもらわなければならない。県として制度のＰＲに努め、推奨農産物も増えてきてはいるものの、消費者の認知度はまだ十分とはいえない。それでも、二〇〇七年ごろから、推奨農産物の消費者への配達やインターネットでの販売、スーパーマーケットでの生産者グループと連携したエコロジー農産物販売コーナーの設置といった事例が生まれてきた。このような流通関係者の取り組みは消費者への制度の認知度向上にもつながるものであり、県としても連携を強めていく必要を感じている。

「環境農業」と「環境を守る農業宣言」

環境保全型農業の推進に取り組むなかで、農業からの環境負荷の軽減をいっそう進めるにはどうしたらよいかという問題意識が生まれた。島根県は小さな県ではあるが、それでも農地面積は三万ha以上あり、約四万戸の農家が農業生産に携わっている。(2) 環境保全型農業の裾野を広げなければ実質的な効果は生まれないから、環境に配慮した生産を島根県の農業生産のスタンダードに広げていく必要があった。ただし、農業者のみの努力や経済的負担で進めるのであれば、なかなか広がらないし、継続も難しいだろう。そこで、次の二点を視点として位置づけた。

①農業者は、化学肥料や農薬の「三割削減」「五割削減」に限定せず、環境への負荷軽減のためにできることに取り組む。

②消費者などは、環境への負荷軽減に取り組む農業者の努力を知り、理解し、自分ができる応援をする。

「環境農業」はこの二点を包含した農業のあり方を示すために島根県がつくった造語であり、次のように定義している。

「『環境農業』とは、人と環境にやさしい農業の展開を経済活動と両立させながら県民全体で取り組む循環型農業をいう」

こうして、農業からの環境負荷の軽減をめざして環境農業を推進する方針を固めた。そして、その考え方を示し、県民の理解を得るために、二〇〇七年度から県民運動として取り組んでいるのが「環境を守る農業宣言」(3)である。この宣言には三種類がある。

①消費者の宣言

消費者個人が、環境を守る農業(=環境農業)に取り組む農業者を応援するため、自分ができること、行うことを具体的に宣言する。チラシにハガキ大の宣言書様式を印刷し、そこへ直接宣言内容を記入して、県庁担当課(農畜産振興課)へ送付する形にしている。イベントでPRし、その場で記入、回収したものが多い。消費者に農業と環境について考えてもらう機会をつくる取り組みであるが、一過性で終わってしまう面は否めない。このため、環境農業情報誌「きらり☆」(4)を年四回発行し、希望者に送付している。

②農業者(団体)の宣言

農業者個人、あるいは農業者が組織する団体が、環境を守る農業として何に取り組むかを宣言する。A4版用紙で、デザインは自由である。県知事が受理したことを明示するため、宣言書に受理番号を記入し、知事印を押印して返送する。手元に宣言書が残るので、宣言の継続が期待できるほか、毎年一回、取り組み状況を報告していただいている。

③消費者団体、企業などの宣言

消費者団体、食品関連事業者、企業、学校など、農業者団体以外の団体の宣言。これまで、生協、地元スーパー、青果物流通業者などに宣言をしていただいた。産直でつながりのある農協と生協との共同宣言、[5] 大豆加工品で連携している集落営農法人、農協、穀物流通業者、食品加工業者の共同宣言[6]の事例もあり、宣言が提携を深めるきっかけになっている。

以上の三つの宣言をとおして環境農業を広げるため、各種イベント、研修会でのPR、県と農業団体が主催する「環境農業シンポジウム」の開催などを行ってきた。しかし、環境農業と環境を守る農業宣言がスタンダードになったとは言い難い。そういう状況は一朝一夕にできるものではなく、今後も息長く進めていきたい。

2 「除草剤を使わない米づくり」の推進

島根県には、宍道湖《しんじ》・中海という日本でも有数の湖沼がある。両湖を合わせると全国一の汽水域[7]で、二〇〇五年にラムサール条約湿地として登録された。[8] また、西部には、「清流日本一」(国土交通省水質調査。[9] 二〇〇六年、〇七年、一〇年)の高津川があるほか、宍道湖・中海に注ぐ斐伊川、中国地方最大の河川である県中部の江の川など、県民生活と湖沼・河川環境は深く関わっている。県の主要農産物である米は、当然ながらこうした環境との深い関係があり、環境を守る農業宣言においても、どれだけ環境に配慮した水稲栽培ができるかはきわめて重要である。

水稲栽培における農薬使用を考えたとき、もっとも削減が難しいものは除草剤であると考えられる。除草剤を使わずに雑草対策ができれば、農薬不使用、ひいては有機栽培に大きく道が開けるだろう。こうした背景のもとで、二〇〇七年度から「除草剤を使わない米づくり」を推進してきた。

表５−１　島根県における除草剤を使わない水稲栽培技術（2008 年度版）

技術	技術内容
品種	きぬむすめ
２回代かき	田植え前 18 日と３日
機械除草	田植え後５～10 日とその 10 日後
健苗育苗	３葉苗、播種量 100g ／箱
深水管理	水深６～10cm、田植え後 30 日間

農業技術センターでの技術開発

島根県の試験研究機関である農業技術センターは、二〇〇六年度から機械除草の研究を開始する。除草剤を使わない米づくりを推進するための技術内容の選定にあたっては、これまでの県の研究結果に加えて、全国の研究成果や民間技術を参考に検討した。その結果、品種選定、二回代《しろ》かき、機械除草、健苗育苗、深水管理の五つの技術を選定し、これらを組み合わせた体系の推進を決める（表５―１）。そして、二〇〇八年度からは、戦略的研究課題「島根の『環境農業』推進技術の開発」として課題化し、除草効果および水稲収量性の向上を目指して、個別技術の改善と体系の確立を進めた。

また、除草剤を使わない水稲栽培を推進するうえで、慣行栽培との経営面での比較や販売上の有利性を明らかにすることは非常に重要である。そこで、現地事例の経営評価を行うとともに、除草剤を使わずに栽培された米（以下「除草剤ゼロ米」）を通常栽培の米よりも有利に消費者へ販売する方法についても検討した。戦略的研究課題として四年間の研究を行った結果、明らかになったのは次の四点である（農業技術センター資料からの抜粋）。

①機械除草を一〇日間隔で二回行う場合、第一回目をコナギの〇・五葉期に行うと、〇・〇葉期や一・七葉期に比べてコナギの残草重が一二〜一四％少なくなった。したがって、除草適期は〇・五葉期とその一〇日後である。

②水田用除草機の後部に農業技術センターが開発したチェーン・ブラシ除草器具を取り付けることにより、コナギの残草量を無除草対比三％に抑制できた。

③ノビエ対策として、田植え後二〇日間は水深五cmの浅水管理で機械除草を二回実施し、終了後は二〇日間一〇cmの深水とする水管理法が有効である。

④屑大豆を春に施用すると、無施用に比べ、田植え後四〇日の雑草発生量（乾物重）が約一〇％減り、収量が無除草区の約一・七倍に増えたので、有機物資材として有望と考えられる。

そして、除草剤を使わない水稲栽培の経営評価では次のような結果が得られた。

①除草剤ゼロ米の一〇aあたり労働時間は平均二八・一時間で、慣行栽培より六・九時間多く、三〇kgあたりの生産費は平均六七四三円で、慣行栽培の五六四七円に比べて約二〇％高い。

②消費者のグループインタビュー[10]の検証アンケートをもとに、除草剤ゼロ米の受容価格と有利

販売につながるニーズを明らかにした。除草剤ゼロ米の購入意向がある消費者では、慣行栽培米と比べて二五～三三％程度の価格上乗せが見込める。

農業普及部などによる現地実証圃

農業普及業務を担当している農業技術センター技術普及部と隠岐支庁・農林振興センター農業普及部では、先に述べた四つの技術のうち、品種と機械除草を中心とした現地実証圃を二〇〇七年度から設置。研究機関と連携した技術開発を進めつつ、各地域で研修会を開催するなど、除草剤を使わない水稲栽培の普及を図っている。現地実証圃は二〇一〇年度までの四年間、各年度とも九カ所（一〇年度のみ八カ所）設置した。

調査結果や観察結果から総合的に考えると、雑草対策のポイントとして、代かきや除草作業前後の適切な水管理、機械除草の適正な作業速度などがあげられる。また、無除草区の雑草発生量が実証圃間で大きく異なったことから、雑草発生量や埋土種子量（土の中に埋まっている雑草の種の量）とその草種にも注目すべきと考えられた。しかし、雑草発生量が多くても水稲の生育が旺盛で高収量を確保できた事例もあり、雑草との競合に強い健全な稲体づくりも重要であると考えられる。そのためには、苗の葉齢と健苗育苗、適正な肥培管理、適正品種の選定が必要になるだろう。

「除草剤を使わない米づくり」は、機械除草に限らずアイガモ除草などの方法があり、島根県内では約一三九ha（二〇一一年。県農畜産振興課まとめ）で行われた。県では引き続き技術開発に取り組むとともに、二〇一二年度からは、「除草剤を使わない」から「有機栽培」へバージョンアップした現地実証に取り組んでいる。

3 有機農業の推進

近年の消費者の農産物の安全・安心や環境問題への関心を背景に、有機農業への期待は高まりつつある。二〇〇六年の有機農業推進法の制定により、県など地方自治体においても有機農業推進の責務を担うこととなった。

島根県では、二〇〇七年二月に「しまね食と農の県民条例」が議員提案により制定され、基本理念に、「安全で良質な農畜産物の安定的な生産及び供給を通じて、消費者の豊かな食生活の確保及び消費者と生産者の信頼関係の構築を図る」こと、「環境と調和のとれた農業生産活動が行われることにより、環境への負荷が可能な限り低減されること」が掲げられた。そして、二〇〇八年三月に「島根県有機農業推進計画」を策定し、取り組みを進めてきた。

本章の冒頭に、二〇一一年度から県の施策として本格的に有機農業に取り組み始めたと述べた。この間の状況を「島根県における有機農業推進施策の状況と有機農業技術開発」(『有機農業研究』第三巻第一号)では、次のように紹介している。

「県行政が、有機農業振興を意識し始めるのは、平成一七年前後からである。県の組織改革にあわせ、平成一七年四月に農業振興担当課に有機農業グループを設置した。有機農業の振興に県も関わっていくとの意志表示であったが、依然として業務内容の中心は環境保全型農業の振興が中心であり、有機農業はその延長にあるとの考え方であった。

これが、平成一八年のいわゆる「有機農業推進法」の制定以降、徐々に変化を見せ始めることになる。……平成二〇年三月の島根県有機農業推進計画の策定に併せリーマンショックなど経済的な背景もある中で、県農政として「有機農業」に活路を求めようという考えが理解されるようになってきた。

大規模化や主産地形成による競争力の強化という従来の農業振興のロジックでは、将来展望を見いだすことが難しい本県の農業や農村にとって、有機農業は個々の生産は小さくても存在感を発揮でき、内外に情報発信できる手法であるとともに、現在の閉塞感を打ち破る手法として可能性は大きいと考えており、県農政の重要で今日的なテーマの一つとして、有機農業を位置づけるに至っている。

重要な点は、環境保全型農業推進の延長上に有機農業があるのではなく、有機農業を始めから志向し、その課題や解決手法を検討し、施策を打ち出して行く必要があるということが理解されつつあることである。化学肥料や農薬の削減手法を突き詰めていっても有機農業にはたどり着かない。始めから化学的な資材に頼らないという意識が行政側にもなければ有機農業の振興にはつながらないと考えている(11)」

有機農業の取り組み状況

島根県では、県東部の旧木次町(雲南市)、西部の旧弥栄村(浜田市)、旧石見町(邑南《おおなん》町)、旧柿木村(吉賀町)などで、早くは一九六〇年代後半から、農業生産の行き過ぎた近代化への危惧と反省から有機農業の取り組みが始まった(第1、2、4章参照)。そして、こうした考え方に共感する消費者と結びつきながら活動を進めてきている。

最近は、浜田市や江津市において若手の生産者グループ「いわみ地方有機野菜の会」が施設野菜栽培で有機JAS認証を取得し、生協や都市圏の量販店と契約栽培を行ったり、江津市(旧桜江町)や川本町において、桑の葉、大麦若葉、エゴマなどの機能性食品の原料生産のための有機栽培が行われたり(第3章参照)、有機農業でのビジネス展開も進みつつある。

ここでは、島根県として把握しているデータを示し、県内の取り組み状況の紹介としたい(有機農業の取り組みを網羅するデータはなく、限定された条件下でのデータであることをご容赦いただきたい)。

①有機JAS認定面積

有機JASの認定面積は、各登録認定機関からの報告に基づいて農林水産省が公表している。二〇一二年四月一日現在の公表値によれば、島根県の有機JAS認定圃場面積は、田が三八・七ha、畑が一五二・四ha、合計一九一・一haである。同じく農林水産省の公表値では、二〇一二年

表５−２　有機ＪＡＳ認定圃場面積割合上位 10 県（2012 年）

	田		畑		田＋畑	
順位	県名	割合（%）	県名	割合（%）	県名	割合（%）
1	石川	0.627	島根	2.011	石川	0.541
2	秋田	0.370	秋田	1.510	秋田	0.517
3	宮城	0.357	大分	1.462	島根	0.503
4	山形	0.317	京都	0.891	大分	0.448
5	沖縄	0.310	奈良	0.809	熊本	0.405
6	熊本	0.240	兵庫	0.804	鹿児島	0.337
7	滋賀	0.216	三重	0.768	宮崎	0.335
8	新潟	0.204	滋賀	0.690	宮城	0.317
9	福島	0.160	熊本	0.659	群馬	0.302
10	鹿児島	0.146	宮崎	0.658	沖縄	0.284
（12	島根	0.127）				

の島根県の耕地面積は、田が三万五〇〇ha、畑（普通畑・樹園地・牧草地）が七五八〇ha、合計三万八〇〇〇haである。

このデータに基づいて耕地面積に占める有機ＪＡＳ認定圃場面積の割合を算出すると、島根県では、田が〇・一三％、畑が二・〇一％、合計では〇・五〇％となる。全国では、それぞれ〇・一三％、〇・三〇％、〇・二一％であり、田を除いて全国の割合を大きく上回っている。他県と比較しても面積割合ではトップクラスである（表５—２）。有機ＪＡＳ認定には経費がかかるため、認定を受けている有機農業者は企業的に有機農業に取り組んでいるケースが多い。島根県では、機能性食品の原料生産に取り組んでいる農業参入企業の占める割合が大きい。

②環境保全型農業直接支払の有機農業取組面積

二〇一一年度から始まった環境保全型農業直接支援

対策では、有機農業の取り組みを交付金の対象としている。島根県での二〇一一年度の交付対象面積の実績は一一三・五haであるが、有機ＪＡＳ認定面積との重複状況を勘案すると、実績面積のうち有機ＪＡＳ認定圃場以外の面積は六七ha程度と推計される。このうち水稲と野菜を市町村別にみると、吉賀町や浜田市の面積が多く、早くから有機農業に取り組んでいる地域の有機農業者からの交付申請が目立っている。

島根県有機農業推進計画の概要と取り組み状況

これまで有機農業は民間主導で進められており、また有機農業の普及は単なる技術や作物の導入とは異なる。したがって島根県有機農業推進計画[12]では、生産・流通・販売を画一的に進めるのではなく、農業者や関係団体との協働の意識を強くもって行うこととしている。

当初の推進計画は二〇〇八年三月の策定であるが、実質的には〇七年度当初からさまざまな取り組みを始めた。前述した環境を守る農業宣言や除草剤を使わない米づくりは、有機農業推進にも関連する。当初の推進計画に定めた推進事項（抜粋）とその取り組み状況は、表５―３のとおりである（現在は実施していないものも含んでいる）。

なお、国の「有機農業の推進に関する基本的な方針」が策定されて五年を経過し、見直し作業が行われている。島根県においても新たな取り組みを始めていることから、二〇一二年度に県推進計画を改定した。改定した推進計画では、島根県での有機農業の推進方向を定めた（内容は後

表５−３　島根県有機農業推進計画の概要

推進事項	二〇一二年度までの取り組み状況
1　農業者が有機農業に容易に従事することができるようにするための取り組みの推進	
①既存技術の実証 ②新規技術の開発・確立 ③有機農業の普及	・除草剤を使わない米づくりの技術開発と普及 ・技術書「有機農業への道しるべ」作成（試験研究機関における技術実証や経営体調査のまとめ）
④新規参入希望者の支援	・「島根オーガニックアカデミー構想」の策定 ・県立農林大学校への有機農業専攻設置
⑤有機ＪＡＳ農産物の認証取得支援	・有機農業波及講座の実施、県内の有機ＪＡＳ登録認定機関との連携 ・有機ＪＡＳ認定経費の助成
2　農業者等が有機農業により生産される農産物の生産、流通・販売に積極的に取り組むことができるようにするための取り組みの推進	
①有機農業により生産される農産物の生産促進	・補助事業等による支援。有機農業の取り組みへの補助に特化した事業を創設 ・環境保全型農業直接支援対策の推進
②販路開拓・拡大支援	・販売対策モデル活動の支援 ・オーガニックＥＸＰＯへの県ブース出展 ・有機農産物等のカタログ作成
3　消費者が容易に有機農業により生産される農産物を入手できるようにするための取り組みの推進	

①県独自認証制度による推奨	・県エコロジー農産物推奨制度での「不使用」認証
4　有機農業者その他の関係者と消費者との連携促進 ①県民理解の促進と消費拡大 ②交流・連携の促進	・環境を守る農業宣言の推進（情報誌発行、シンポジウムの開催、環境農業大賞等） ・「オーガニックフェア」の開催

述）。また、推進事項を①有機農業による生産取り組みの推進、②有機農業による新規就農の支援、③有機農産物の販売支援、④有機農業に対する理解の促進、⑤ネットワークの構築の五項目とし、取り組み内容を具体的に記述した。

島根オーガニックアカデミー構想

島根県の有機農業推進計画の推進事項の中で、県としての仕組みが弱かったのが、新規参入希望者の支援であった。そこで二〇〇九年度に、県立農業大学校（現在は、農林大学校）の今後のあり方の検討テーマの一つとして、有機農業の担い手育成の拠点とするべく、その体制（島根オーガニックアカデミー）の検討を行った。

その体制は、図5―1の上段に示すとおりである。二年間の養成コースと一年以内の研修（就農）コースに就農希望者を受け入れ、座学と実践により技術を身につけていく。これまでの農業

図５−１　島根オーガニックアカデミー構想

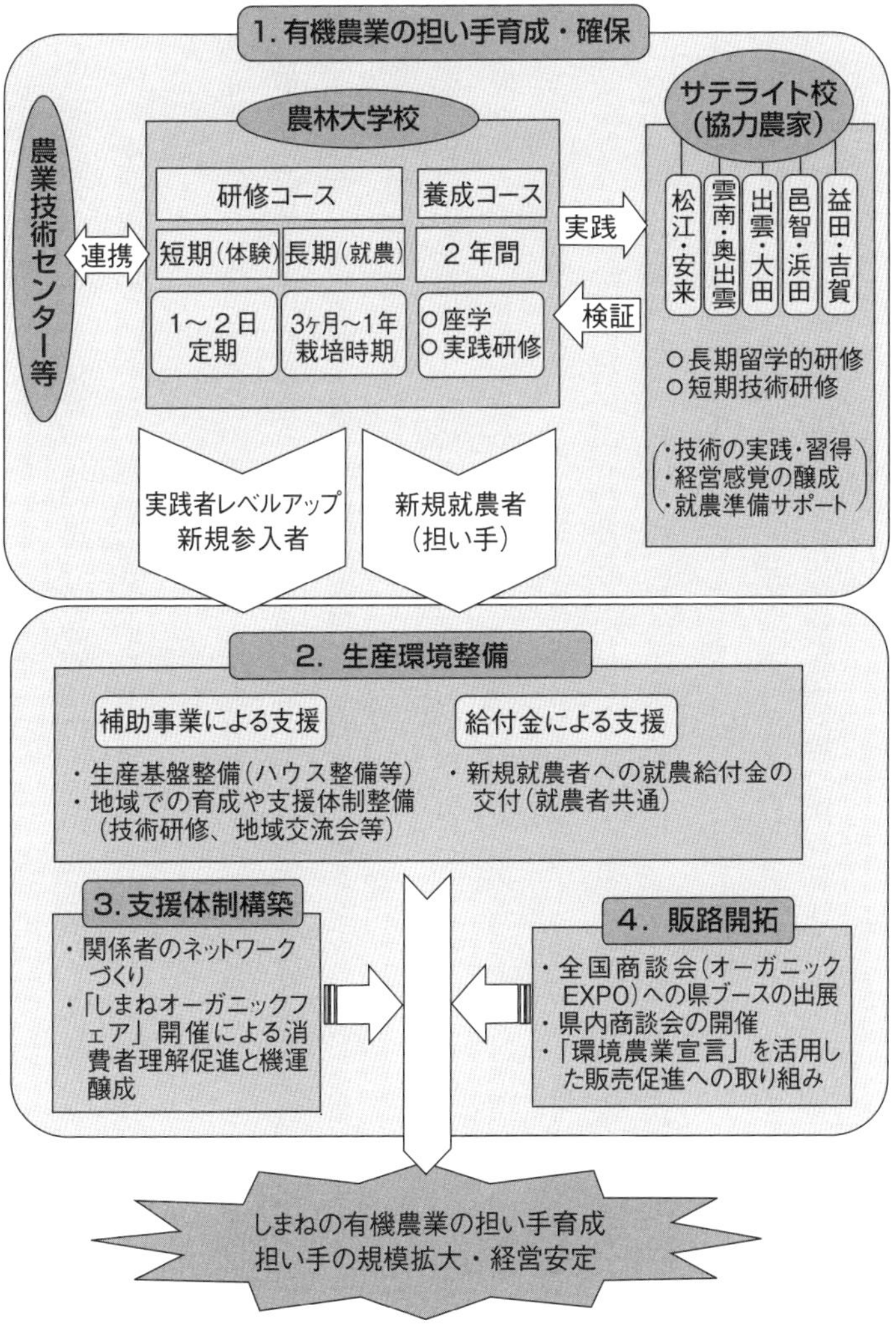
1. 有機農業の担い手育成・確保
農業技術センター等
連携
農林大学校
研修コース
養成コース
短期（体験）
長期（就農）
２年間
1〜２日
定期
3ヶ月〜1年
栽培時期
○座学
○実践研修
実践
検証
サテライト校
（協力農家）
松江・安来
雲南・奥出雲
出雲・大田
邑智・浜田
益田・吉賀
○長期留学的研修
○短期技術研修
・技術の実践・習得
・経営感覚の醸成
・就農準備サポート
実践者レベルアップ
新規参入者
新規就農者
（担い手）
2. 生産環境整備
補助事業による支援
・生産基盤整備（ハウス整備等）
・地域での育成や支援体制整備（技術研修、地域交流会等）
給付金による支援
・新規就農者への就農給付金の交付（就農者共通）
3. 支援体制構築
・関係者のネットワークづくり
・「しまねオーガニックフェア」開催による消費者理解促進と機運醸成
4. 販路開拓
・全国商談会（オーガニックEXPO）への県ブースの出展
・県内商談会の開催
・「環境農業宣言」を活用した販売促進への取り組み
しまねの有機農業の担い手育成
担い手の規模拡大・経営安定

大学校の仕組みと基本的には変わらないが、実践的な技術研修や就農準備への支援をいただく協力農家を「サテライト校」と位置づけ、担い手の育成に県内の先進的な有機農業者の力を借りるようにしたのが特徴である。また、他県の先進的な有機農業実践者の方も招き、講義をしていただいている。

二〇〇九年度の方針決定のもと、一〇年度から指導者の養成(長期研修の実施)と施設整備を行い、一二年度に農林大学校農業科の有機農業専攻がスタートした。農業科の定員は三〇名。五つの専攻のうちの一つが有機農業専攻である(専攻ごとの定員は決まっていない)。第一期生として七名(うち農家出身は四名)が入学した。

有機農業の担い手を育成するためには、技術面での支援だけでは十分ではない。生産が安定するまでに時間がかかり、初期の経営安定のための支援(初期投資の軽減や運転資金など)が不可欠である。また、有機農業の場合、独自の販売ルートが経営の安定に欠かせないので、販路開拓への支援も必要となる。新規就農者が有機農業を開始し、経営の安定を図るには、本人の努力だけでは難しい。先駆的な有機農業者をはじめ、県内関係者のバックアップが必要であり、そのためのネットワーク構築も必要であると考えている(図5—1の下段参照)。

このような考え方から、有機農業の担い手を育成する総合的な仕組みを「島根オーガニックアカデミー構想」(以下「アカデミー構想」)とし、必要な事業の構築を行った。

みんなでつくる「しまね有機の郷」事業

アカデミー構想の生産環境整備、支援体制構築、販路開拓を担うのが、この事業である。なお、初期の経営安定支援として、有機農業での就農者向けに経営安定資金制度の拡充を行ったが、国の青年就農給付金制度の創設に伴い、新規就農者を対象とした県の制度が拡充され、有機農業者の場合もこの制度を活用することとした（表5―4参照）。

（1）みんなでつくる有機の郷事業（補助事業）

有機農業に取り組む農業者を直接支援するため、二〇一一年度から実施している補助事業である。その概要は表5―4のとおりで、事業の特徴として次の点があげられる。

①有機農業を志向する農業者が、創意工夫して事業に取り組めるよう、農業者個人での事業実施を可能とした。

②農業者と提携して活動するさまざまな組織を支援するため、取り組み内容により流通・販売業者やNPO法人などの事業実施も可能とした。

③有機農業に関心のある農業者を誘導するため、本格的な有機農業への参入の前に、参入が可能かどうかチャレンジできる事業種目を設定した。

④本格的な展開を支援する事業種目については、事業計画の妥当性の判断と計画実施へのアドバイスを行うため、有機農業者や学識経験者などによる審査を行うことにした。

つくる有機の郷事業の概要

事業種目	事業内容	事業実施主体	補助対象事業費等
1．有機農業チャレンジ事業	有機農業への新規参入や慣行栽培からの転換試行等に対する支援及び有機農産物の販売や消費拡大、有機農業への理解の促進を図るための取組に対する支援 1　推進事業 (1)有機栽培技術実証 (2)有機栽培技術研修 (3)有機農産物の新規販路開拓や取引拡大のための調査や活動 (4)有機農産物の消費拡大、理解促進を図るための活動 (5)その他知事が認める内容 2　整備事業 (1)簡易な機械整備	1　市町村 2　有機農業に取り組んでいるか、今後参入を志向している次の者 (1)農業者及び新規就農志向者 (2)農事組合法人（農業協同組合法（昭和22年法律第132号）第72条の8第1項に規定する事業を行う法人をいう。） (3)農事組合法人以外の農業生産法人 (4)特定農業団体 (5)農業者で組織する団体 3　有機農業の実践者及び志向している者を所管する公社、農業協同組合 4　その他知事が認める団体等 　有機農業の実践者と連携し、販路の拡大や高付加価値化、消費者との交流・普及啓発などに取り組む流通・販売業者、加工業者及び特定非営利活動法人等	1事業当たり上限 200万円 補助率 ソフト事業 1／2 ハード事業 1／3

この事業を開始してから、のべ四二件（うち「チャレンジ事業」が三一件）の事業が実施されている。そのうち一七件が個人であり、有機農業による新規就農者も二件あった。この事業による個々の農業者の支援をとおして、多くの有機農業の担い手を誕生させたいと考えている。また、市町村をはじめ、地域で農業振興に関わる団体などが有効に事業を活用することにより、有機農業の推進による農業・農村振興が県内各地で行われることを期待している。

（2）「しまね有機の郷」づく

表5-4　みんなで

事業種目	事業内容	事業実施主体	補助対象事業費等
2.有機農業実践支援事業	有機農業の本格展開、規模拡大に対する支援及び地域における有機農業を推進する体制・組織づくりへの支援 1　推進事業 (1)先進地調査 (2)新規販路の開拓、取引拡大 (3)地域での有機農業推進の体制整備 (4)有機農業技術導入 (5)その他知事が認める内容 2　整備事業 (1)本格展開のための生産関連施設・機械及び小規模基盤の整備	1　市町村 2　有機農業に取り組んでいるか、今後参入を志向している次の者 (1)農業者（認定農業者及びそれに準ずる者）及び新規就農者（認定就農者及びそれに準ずる者） (2)農事組合法人 (3)農事組合法人以外の農業生産法人 (4)特定農業団体 (5)農業者で組織する団体 3　有機農業の実践者及び志向している者を所管する公社、農業協同組合 4　その他知事が認める団体等 　有機農業の実践者と連携し、販路の拡大や高付加価値化、消費者との交流・普及啓発などに取り組む流通・販売業者、加工業者及び特定非営利活動法人等	1事業当たり上限 おおむね 2000万円 補助率 ソフト事業 1／2 ハード事業 1／3

り県推進事業

　有機農業者および関係者のネットワーク構築や、生産・流通・販売・消費の拡大を官民協働で推進するための事業である。事業の企画や実施について、有機農業者、流通関係者、NPO法人などの協力をいただいてきた。具体的には、有機農業関係者が連携を深めるための情報交換会・セミナーの開催、生産者と消費者などが集い、有機農業推進の気運を醸成するための「しまねオーガニックフェア」の開催、販売対策としての商談会の開催やオーガニックEXPOへの出展などを行っている。

しまねオーガニックフェアは、二〇一一・一二年度に県庁所在地である松江市で開催した。二〇一二年度の出展者は四六(うち生産者二九)、来場者は約二〇〇〇名である。商談会は県内の農林水産(加工)品の商談会に合わせて有機JASコーナーとして開催し、二〇一二年度は五業者に出展いただいた。また、オーガニックEXPOには二〇一〇年度から「島根県ブース」としてまとまって出展しており、一二年度は七業者が参加された。

(3) 有機農業の郷づくり技術支援事業

有機農業の技術普及・支援と、有機JAS認証取得のための支援を行う事業である。具体的には、これまで取り組んできた除草剤を使わない米づくり技術を核とする環境を守る米づくりを有機栽培にステップアップするための研究開発・実証を行うとともに、有機栽培志向者相互の技術研鑽・情報交換の促進を図ってきた。有機JAS認証支援については、制度の理解や生産工程管理技術の習得などのために、登録認定機関に委託して講習会を開催している。

新規就農者への支援制度

二〇一二年度から新規就農者への国と島根県の支援制度が拡充され、とくに就農前後の資金的な支援策が充実された。その概要は表5―5のとおりである。これらの制度は、有機農業に取り組む場合も対象となるので、積極的に活用し、初期の経営安定に役立てていただきたい。

表5-5新規就農者への給付金・助成金

自営就農			U・Iターン者（半農半X）	
就農時年齢	就農前	就農後	就農前	就農後
45歳未満	150万円／年 2年間以内（国）	150万円／年 5年間以内（国）	12万円／月 1年間以内 （県）	12万円／月 1年間以内 （県）
45歳以上 65歳未満 （認定就農者のみ）	［U・Iターン者］ 12万円／月 1年間以内（県）	75万円／年 2年間以内（県）		

（注）このほかに雇用就農者への助成金制度もある。

県の単独制度は、国の制度を補完し、U・Iターン者限定で、半農半X（兼業就農）も助成の対象としている。有機農業での就農者はU・Iターン者が多く、農地の確保や初期投資資金の関係などで、最初から農業のみで生計を立てることは難しい場合が多い。就農前後の一年間ずつの助成ではあるが、営農・生活に大いに役立つと考えている。また、対象年齢を拡大しているので、早期あるいは定年退職者の就農にも支援が可能である。

一方、研修制度については、農林大学校をはじめ、浜田市、安来《やすぎ》市、飯南《いいなん》町、邑南町など独自の就農研修制度を実施している市町村もある。そうした制度と給付金・助成金制度を組み合わせ、有機農業の志向者が就農を実現できるよう支援を行っていきたい。

なお、有機農業により自営就農する場合の施設などは、みんなでつくる有機の郷事業によって整備が可能であり、認定就農者の場合には国と県の新規就農者への支援事業も活用できるが、兼業就農は対象となっていない。そこで、二〇一二年度から、半農半Xによる新規就農の場合に施設などの整備を支援する県単独事業を実施した。補助率は三分の一、助成対象事業費の上限は三〇〇万円だが、兼業就農の規模であれば、必要な施設のかなりの部分が整備できると考えている。

有機農業に関する研究と普及体制の強化

有機農業に関する技術開発は、前述したように水稲の機械除草を中心に行ってきた。二〇一二年度からは有機農業推進のための技術開発プロジェクトを組み立て、研究を強化している。また、技術普及部や農業普及部に有機農業担当を置いて農業者からの相談窓口を明確にし、相談事項の解決に向けたコーディネーターの役割を担うようにしたところである。

4 県民一体となった有機農業の推進

アカデミー構想を策定し、具体的な事業もスタートさせたなかで、改めて今後の有機農業の推進方向を検討する必要があると考え、二〇一二年度に島根県有機農業推進計画の改定について、島根県『環境農業』推進協議会(13)で議論を行った。今後の推進方向は、次のとおりである。

島根県内には、地域自給をベースにした取り組みとビジネスとして展開されている取り組みがある。県としては、これらを「豊かな自然環境や地域農業を次世代に引き継ぐ取り組み」と「経済活動として展開され、面的拡大が図られる取り組み」と捉え、いずれも推進していくべきものとして支援していく。さらに、両者を車の両輪として進め、U・Iターン者の受け入れをはじめ、担い手の育成による島根農業の活性化と定住に寄与する取り組みを推進しなければならないと考えている。

有機農業は、生産者だけ、行政だけで進むものではない。県民一体となって推進が図られるようにしていく必要がある。関係者のネットワークや地域での有機農業推進体制を構築するとともに、推進の気運をさらに盛り上げる取り組みも必要である。

いずれにしても、有機農業推進法にも定められているように、「農業者その他の関係者の自主性を尊重しつつ」「農業者その他の関係者及び消費者の協力を得つつ」推進しなければ、よい結果は生まれない。このことを常に意識しながら、新たな推進計画を遂行していきたい。

（1）持続農業法に基づき、都道府県知事に「持続性の高い農業生産方式の導入に関する計画」を提出し、認定を受けた農業者の愛称。化学肥料・農薬の使用量を低減するため、都道府県が策定した「持続性の高い農業生産方式の導入に関する指針」に基づき、土づくり技術、化学肥料低減技術、化学合成農薬低減技術の三技術を実施する必要がある。
（2）二〇一二年の「耕地及び作付面積統計」によれば、島根県の耕地面積は三万八〇〇〇ha。また、二〇一〇年農林業センサスによれば、島根県の総農家数は三万九四六七戸。
（3）農業者（団体）や消費者団体、企業などの宣言は、島根県のＨＰ（www.pref.shimane.lg.jp/）で公開している。
（4）すべての「きらり☆」を島根県のＨＰで読むことができる。

（5）野菜や米の産直、農作業体験を通じた交流活動などに取り組んでいる島根おおち農業協同組合と生活協同組合ひろしまが、二〇〇九年六月に共同宣言を行った。
（6）大豆を生産する農事組合法人ファーム宇賀荘と、流通を担うやすぎ農業協同組合、株式会社寺田商店（奈良県）、加工品製造業者である株式会社出由本店（奈良県）、有限会社角久、株式会社大正屋醬油店が、二〇一〇年六月に共同宣言を行った。
（7）河川・湖沼および沿海などの水域のうち、汽水（淡水と海水が混在した状態）が占める区域。海水面は潮の干満によって変動するため、満潮時には海水は河口をさかのぼり、干潮時には淡水がより下流まで流れ込む。
（8）中海・宍道湖情報館「中海・宍道湖について」。アクセス年月日：二〇一二年七月一一日。
（9）国土交通省では、一九五八年から一級河川（直轄管理区間）において水質調査を実施し、その結果を公表している（アクセス年月日：二〇一二年七月一九日）。
（10）米国で開発された手法で、日本でもマーケティングや広告評価などのビジネスで活用されている。生産者と消費者のコミュニケーションを通じて、タテマエや推測ではなく本音や実態を引き出し、それに即したニーズを探ることができる手法である（星野康人『井戸端会議で本音を探れ』全国農業改良普及支援協会、二〇〇七年、一四ページ）。
（11）栗原一郎・安達康弘ほか「島根県における有機農業推進施策の状況と有機農業技術開発」『有機農業研究』三巻一号、二〇一一年。
（12）計画は島根県のＨＰに掲載している。
（13）環境農業を進めるために島根県が設置した諮問機関的な組織。学識経験者、生産者、流通関係者、公募委員などで構成している。

第Ⅲ部

地域に広がる生産者と消費者の新たな関係

みのりの小道の公開作業で、学生が自身の卒業研究の内容を報告している

第6章　生産者と消費者による学習・交流組織の形成と展開——しまね合鴨水稲会

井上憲一・山岸主門

1　相互理解を深める

有機農業における生産者と消費者の提携は、個々の生産者が個々の消費者と顔の見える関係を構築する形態から、生活協同組合をはじめとする消費者グループが生産者グループと提携する形態まで幅広く展開している[(1)]。そのなかで、生産物の売買が主ではなく、生産者と消費者相互の学習・交流を目的とした場合によくみられるのが、地域でそれぞれ独自に活動を行う生産者（個人、グループ）と消費者（個人、グループ）が学習・交流の目的に応じて適宜協力する形態である。

その一方で、日ごろ顔を合わせることのできる地域のレベルで生産者と消費者がひとつの学習・交流組織を運営する取り組みは、生産者と消費者の相互理解を深め、地産地消などの地域活動を促す役割が期待できるため、地域自給を推進するうえでとくに重要性が高いと考えられる[(2)]。全国組織のレベルでは、日本有機農業研究会や全国合鴨水稲会などがあるが、肝心の地域レベルでの取り組みは、九州などの一部地域を除き、たいへん少ない(3)。

そうしたなかで、島根県東部の有機農業生産者と消費者による学習・交流組織「しまね合鴨水稲会」が二〇〇九年二月に設立された。そこでは、会の名称にある合鴨農法にとどまらず、有機農業や食・農のあり方について、生産者と消費者の相互理解に向けた活動がスタートしている。本章では、しまね合鴨水稲会を事例に、生産者と消費者による学習・交流組織の形成と展開の過程を明らかにしたい。

2　Uターンの有機農業生産者夫妻

しまね合鴨水稲会が有機農業や食・農のあり方について、生産者と消費者がともに学習・交流する組織に展開する契機となったのは、会の発案者であり代表でもある福間忠士氏と、妻の順子氏の存在が大きい。そこでまず、福間夫妻の有機農業生産者としての歩みと、しまね合鴨水稲会設立に向けた取り組みについて整理する。

有機農業生産者としての歩み

東京で一九四一年に生まれ、松江市で育った福間忠士氏は大学卒業後、神戸市で企業の化学プラント設計のエンジニアとして働き、島根県八束《やつか》郡八雲《やくも》村（現・松江市八雲町）出身の順子氏（一九四七年生まれ）とともに、都市部の消費者として生活していた。灘神戸生活協同組合（現・生活協同組合コープこうべ）の組合員だった夫妻は、生協の環境保全活動を通じて、一九八〇年ごろから生ごみを堆肥利用する家庭菜園を行いはじめる。そして、農薬や食品添加物の危険性にいっそう関心を抱くようになり、家庭菜園では野菜の有機栽培に取り組んだ。

やがて一九九八年、順子氏の実家の農業を継ぐことになる。成人したお子さんを残してUターンした夫妻は、「有機農業をしよう。それなら自分が農業をする大義名分が立つ(4)」と、家庭菜園での有機栽培の経験を基礎に、慣行栽培が行われていた農地で有機農業に挑戦した。

まず、一五aほどの畑で牛糞と生ごみを混ぜた堆肥を投入したが、葉物野菜は虫害で穴だらけになるなど、二〜三年は販売するまでに至らなかったという。水田では雑草の防除が難しいため、やむなく減農薬（除草剤のみ一回使用）・化学肥料不使用で水稲を栽培し、神戸市の知人に直接販売した。そうした試行錯誤を経て、有機農業への理解を求めての子育て支援活動における交流や、生産者仲間を探す目的でエコファーマーへの登録を経験するなかで、次の二点に気づくようになる。

①地域で有機農業を行う生産者自体が少ない。

②「農業本来のあり方を再建しようとする営み(5)」としてではなく、「差別化の手段」として、有機農業を捉える人が多い。

本来あるべき有機農業を目指す生産者が地域でまとまり、それぞれが競争ではなく共存し、ネットワークを形成していくことの重要性を感じはじめていた福間夫妻は、二〇〇三年一月、たまたま販売のため訪れていた神戸市で、新聞記事で知った全国合鴨水稲会のフォーラム(第一三回全国合鴨フォーラム兵庫大会)に参加した。二人はそこで、農薬と化学肥料を一切使用せずに水稲の栽培を可能にする合鴨農法に加えて、生産者・消費者・米穀販売業者・教育関係者・行政関係者などさまざまな立場の人びとが、それぞれの「思い」を熱心に発表・議論する姿に、強い感銘を受けたという。

こうして、合鴨農法の関係者の熱気に惹かれる形で、さっそく二〇〇三年春から合鴨農法に取り組んだ。そして、外敵の防御などの課題にぶつかりながら、二〇一一年には一五〇aの水田に二〇〇羽の合鴨を放飼するまでに至った。二〇一二年現在、それに加えて、畑五〇a(水田転作を含む)でナバナ、ナス、ズッキーニをはじめとする少量多品目の野菜や大豆を農薬も化学肥料も使わずに栽培し、独自に開拓した販路(個人、地元レストラン、地元スーパーの産直コーナー)で販売している。

忠士氏は、企業でのサラリーマン生活と比較して、有機農業の「窓口の広さ」と合鴨農法の楽しさ・技術の奥深さを実感するようになった。[6]「窓口の広さ」とは、同じ人が同じ圃場で同じ作物を作っても、さまざまな条件によって毎回同じようにはできないうえ、個々の作物ごとに多様な形で現れることを指す。忠士氏はまた、合鴨が外敵の被害に遭うなどの苦労が絶えないにもかかわらず、合鴨農法の楽しさを実感している。これは、耕種と畜産の同時作である合鴨農法の

「窓口」が、有機農業のなかでも広いことに加えて、「合鴨を見ていると心が和む」と表現するように、合鴨という生き物独自の魅力によるところが大きいといえる。

二〇〇八年からは、それまで交流していた子育て支援グループとは別に、島根大学の大学開放事業「みのりの小道」(第7章参照)を通じて、消費者や大学生との交流を始めた。また、地元レストランなどへの個人での直販に加えて、農薬も化学肥料も一切使用しない近隣の有機農業生産者と野菜出荷グループを立ち上げ、二〇〇九年六月から地元スーパーの店内に直売コーナー「きこな野菜」(7)を設けるなど、消費者や生産者とのネットワークを独自に広げている。これらの背景として、福間夫妻の人柄や、生産者としての有機農業に対する思いはもとより、長年にわたる都市部の消費者としての経験によって、消費者の目線に対する深い理解が指摘できる。

しまね合鴨水稲会の設立に向けて

消費者や生産者とのネットワークを広げていくなかで、島根県内の合鴨農法に取り組む生産者が市町村を越えて連携する機会がないことを痛感した忠士氏は、隣接する広島県の「ひろしま合鴨水稲会」のような、全国合鴨水稲会の島根版をつくることを思い立つ。そして、出雲地方に在住する全国合鴨水稲会会員三名(生産者二名、消費者一名)の賛同を得て、忠士氏を含む四名の発起人で、二〇〇九年二月に、JAに合鴨農法の部会組織がある簸川《ひかわ》郡斐川《ひかわ》町(現・出雲市斐川町)で、発足のための会合を開催した。忠士氏の事前調査で、島根県内で合鴨農法に取り組む生産者は西部の石見地方に多いことが判明していたが、島根県は東西に長いうえに交通も不便なため、参集範囲をまずは出雲地方としたという。

当初の名称案は「合鴨農法を普及する会」であり、どちらかといえば、合鴨農法に取り組む生産者が主体の、生産者の元気が出ることを目的とした会が志向されていたといえる。島根県内の生産者がネットワークを構築する足がかりとして、まずは地理的に近い出雲地方でつながりをつくるのが、忠士氏のおもなねらいであった[8]。参加者も、JA斐川町合鴨稲作部会の部会員をはじめ、合鴨農法に取り組む生産者が中心であった。話し合いの結果、①名称を「しまね合鴨水稲会」にする、②年会費を個人会員五〇〇円、団体会員一〇〇〇円にする、③毎年一回総会を開く、④世話人を四名とする、ことを決定。六名で会がスタートした。

忠士氏は、この設立準備と、二〇〇九年一二月に全国合鴨フォーラム二〇周年記念大会が吉賀町で開催されることを機に、〇八年から〇九年一一月にかけて、忙しい農作業の合間を縫って島根県内の合鴨農法に取り組む生産者を踏査して、農家数[9]や経営状況を把握していく。聞き取りの結果、食の安心・安全について強い信念をもち、近くの仲間や家族の協力がある生産者が多い一方、鳥インフルエンザ、山が多いことによる外敵の防御、高齢化・後継者不足という課題に直面していることが判明した[10]。

福間夫妻は、このような生産者を元気にするためには、生産者がネットワークを構築して合鴨農法の技術を高めるだけではなく、食や農に理解のある消費者と生産者とが相互理解を深めることが重要であると痛感するようになる。この気づきは、一九七八年に日本有機農業研究会が提示した「提携の一〇カ条」の第一にある「相互扶助の精神[11]」に合致しているといえよう。

3 しまね合鴨水稲会の形成と展開

本節では、しまね合鴨水稲会が、生産者と消費者による学習・交流組織としてどのような形成・展開の過程をたどったのかについて明らかにする。そのうえで、会の活動が参加者に対してどのような効果をもたらしているのかを検討したい。

しまね合鴨水稲会の歩み

二〇〇九年二月に発足したしまね合鴨水稲会は、二〇一三年二月で四周年を迎えた。組織としては、いまだ発展途上の段階といえる。とはいえ、表6―1の歩みをみると明らかなように、着実に生産者と消費者の輪を広げ、学習・交流組織としての内実を構築しつつある。

会員数は、発足の五カ月後には個人会員二一名(二〇一〇年以降二二名)、二団体に増え、団体の構成員を含めると総勢四〇名程度となっている[12]。短期間のうちにこのような組織構成を実現した要因として、福間夫妻の多様なネットワークの存在が指摘できる。会員の多くは以前から、合鴨農法、子育て支援活動、みのりの小道活動などを通じて福間夫妻と交流を深めてきており、こ

表６-１　しまね合鴨水稲会の歩み

年	月	事　　　　項
2009	2	松江市八雲町の有機農業生産者、福間忠士氏の発案により、島根県内の全国合鴨水稲会会員４名(生産者３名、消費者１名)が発起する「合鴨農法を普及する会」をJA斐川町の会議室にて開催。話し合いの結果、「しまね合鴨水稲会」が６名(生産者５名、消費者１名)の入会でスタート。
	7	個人会員16名(生産者６名、消費者10名)、団体会員２(JA斐川町合鴨稲作部会：生産者15名、かもこめクラブ：消費者による合鴨農法の体験サークル)。
		会報「しまね合鴨通信」創刊号を発行。
	10	「しまね合鴨通信」第２号を発行。
	11	個人会員21名(生産者６名、消費者14名、加工業１名)、団体会員２。
		かやぶき交流館(松江市八雲町)において第１回学習交流会(総会・講演会・親睦会)を開催。 11条からなる会則を制定。 役員６名(代表１名、副代表１名、会計１名、監事１名、生産者団体代表１名、消費者代表１名)を置くことを決定。 講演会：「たべもの」の会代表／島根大学名誉教授・井口隆史氏「「たべもの」の会と「有機農業」」。 親睦会：ママさんバンド演奏、合鴨料理・デザート。
	12	第20回全国合鴨フォーラム島根大会において、しまね合鴨水稲会の活動を報告。
2010	3	個人会員22名(生産者７名、消費者14名、加工業１名)、団体会員２。
		「しまね合鴨通信」第３号を発行。
	5	斐川町の生産者有志が開催する子どもたちとの田植えイベントに参加。
	8	「しまね合鴨通信」第４号を発行。
	11	羽根東ふれあい会館(斐川町)において第２回学習交流会を開催。 講演会：島根県立大学健康栄養学科教授・名和田清子氏「食べること」。 親睦会：踊り・唄・石笛演奏、蕎麦打ち、餅つき、合鴨料理・デザート。
2011	1	「しまね合鴨通信」第５号を発行。
	4	「しまね合鴨通信」第６号を発行。
	5	斐川町の生産者有志が開催する子どもたちとの田植えイベントに参加。
	7	合鴨農法の圃場見学会を開催(松江市八雲町)。
	9	第69回日本農業教育学会講演会において、しまね合鴨水稲会の活動を報告。

2011	12	島根県中山間地域研究センター(飯南町)において第3回学習交流会を開催。 講演会：島根県中山間地域研究センター嘱託研究員／一橋大学大学院社会学研究科・相川陽一氏「山村地域で地域自立を考える―島根・弥栄町での実践型調査に基づいて―」。 親睦会：合鴨料理・デザート。
2012	1	「しまね合鴨通信」第7号を発行。
	2	「しまね合鴨通信」第8号を発行。
	7	合鴨農法の圃場見学会を開催(安来市広瀬町)。
		「しまね合鴨通信」第9号を発行。
	11	「しまね合鴨通信」第10号を発行。
	12	第2回しまねオーガニックフェアに出展(松江市)。

(出所)しまね合鴨水稲会資料および聞き取り調査結果をもとに作成。

れらの存在が新たな学習・交流組織の形成に寄与したといえる。

当初は、前節で述べたように、合鴨農法の普及を主眼とした、生産者が主体の会が構想されていた。しかし、実際に設立されたしまね合鴨水稲会を構成する生産者と消費者の比率は、個人会員では一対二、団体会員の構成員を含めるとおおむね五対五となり、まさに生産者と消費者によって成り立っている組織といえる。それは役員六名の構成にも表れている。代表、副代表、会計は生産者が担当しているが、生産者と消費者がともに会を支え合うという相互扶助の精神のもと、生産者団体代表と消費者代表の役員を各一名置き、監事は消費者である。

このように、生産者と消費者による学習・交流組織となった要因が、島根県内の合鴨農法に取り組む生産者への踏査を一つの契機として、生産者が元気になるためには食や農に理解のある消費者とのネットワークが重要であり、それをひとつの組織で体現しようという忠士氏の強い思いにあることは、いうまでもない。

学習交流会・圃場見学会・会報の発行

しまね合鴨水稲会の学習・交流の機会は、おもに次の三つである。
①年一回開催する総会・講演会・親睦会(以下「学習交流会」)。
②合鴨農法の圃場見学会。
③会報「しまね合鴨通信」。

学習交流会は、参加者を会員に限定していないため、個々の会員が地元の友人・知人を適宜誘う。参加者数は二〇～三〇名である。二〇一一年一二月に開催された第三回学習交流会の参加者(二六名)は、男性が一八名(六九%)を占め、年代は二〇～三〇代一〇名(三八%)、四〇～五〇代四名(一五%)、六〇～七〇代一二名(四六%)である。生産者と消費者の比率、活動参加回数二回以下と三回以上の比率は、それぞれ、五四%と四六%、五〇%と五〇%で拮抗している。参加者のうち会員(家族を含む)は一五名(五八%)で、うち一三名は活動に三回以上参加している。非会員一一名(四二%)の内訳は、生産者三名、消費者八名で、いずれも参加会員の勧誘によって参加した。

このように、学習交流会の参加者は、年代、生産者・消費者、活動参加回数、会員・非会員の構成に偏りがみられない。このことは、しまね合鴨水稲会が生産者と消費者による学習・交流組

合鴨農法の水田の見学(2011 年 7 月、松江市八雲町)

織としてバランスのとれた活動を行っていることを示唆していると考えられる。

講師依頼は個々の会員のネットワークを活用し、毎回視野の広いテーマで行われる。会の名称にある合鴨農法を契機としながらも、合鴨農法にとどまらない食と農に関するさまざまな課題について、生産者と消費者がともに学習しようとする会の姿勢がよく表れている。学習交流会では、食と農に関する講演会で学習し、生産者が持ち寄った農産物(合鴨肉、合鴨卵、米、野菜など)を素材に、参加者が協力して料理やデザートを作り、全員で会食する。会食や芸能の披露による交流会では、合鴨肉や合鴨卵を使った料理やデザートの作り方はもとより、開催場所の食材や伝統行事についての会話が交わされ、地産地消の場に加え

子どもたちとの田植え(2010年5月、斐川町)

て地域再発見の場にもなっている。

合鴨農法の圃場見学会は二〇一一年から開催され、合鴨農法の水田や有機栽培ハウスを見学する。それは、生産者の技術情報交換の場であると同時に、消費者が農業生産現場にふれる機会でもある。

「しまね合鴨通信」は、二〇〇九年七月の創刊号に始まり、二〇一二年一一月に第一〇号が発行された。会員からの寄稿と、会員へのイベント案内や事務連絡で構成されている。会員の日頃の思いをはじめ、学習交流会や全国合鴨フォーラムの内容が紹介されるなど、会員間の情報共有の場を提供してきた(図6―1)。

また、斐川町の生産者有志は、しまね合鴨水稲会の学習・交流活動を契機に、地域の子どもたちとの公民館活動として、二〇

図6-1　「しまね合鴨通信」第5号(2011年1月)

発　行　第5号 平成23年1月1日 しまね合鴨水稲会	しまね合鴨通信	事務局 松江市八雲町東岩坂*** TEL 0852-**-****　福間

生産者会員の寄稿

新年のご挨拶

あけましておめでとうございます。

しまね合鴨水稲会も今年で3年目に入ります。一昨年2月に島根県の東部を中心に発足し、一昨年・昨年と2回の親睦会を開催し、会員も2団体会員を含めて24名になりました。合鴨農家が少ない中で、合鴨米に理解を頂く消費者の方の参加を得て増えてきております。今後は島根県西部地域の方の参加を推進し島根県全体の合鴨米の普及になるようにしたいと思います。

昨年の11月末には不幸にして安来市内の採卵養鶏農家にて強毒性の鳥インフルエンザが発生しました。マスコミなどにより野鳥との接触説が強調されており、屋外で飼育する合鴨農法への評価が下がることを心配します。しかし身動きもままならない籠の中で輸入配合飼料に頼って育てられた鶏と異なり、鳥インフルエンザウィルスに抗体を持つ合鴨は発病することはありません。ましてお米にその影響があるようなことは決してないのです。合鴨やその他の生きものと共生して育ったお米の大切さを強調したいと思います。

日本人の主食として扱われてきた米も近年の流通主義に振り回されて主役の座から降りそうな状況です。一方、健康への配慮から米食への見直しや、安全性と環境理解から化学農薬・化学肥料に頼らない栽培に対して理解される方も増えてきております。合鴨農法は耕・畜を併せてこれを満たす産業です。合鴨米を買っていただく消費者があってこそ生産者の向上があると思います。合鴨米への理解と協力をより多くの方にしていただくために、生産者と消費者が一体となった活動を進めたいと思います。

末筆になりますが、会員の皆様・ご家族の皆様のご健康とご多幸をお祈りいたします。

平成23年　元旦　　しまね合鴨水稲会　代表　福間忠士

消費者会員の寄稿

「しまね合鴨水稲会親睦会 in 斐川町」に参加して

昨年11月6日(土)、斐川町内の羽根東ふれあい会館にて、第2回目の親睦会が行われました(写真1)。開催にあたり、斐川合鴨稲作部会ならびにJA斐川町の全面的なご協力をいただきました。好天のもと、まず、合鴨料理・蕎麦(10割そば)打ち・餅つきの体験(写真2)が行われました。餅米は斐川町産の合鴨米で(写真3)、そばも斐川合鴨稲作部会の生産者が栽培されました。合鴨料理と合鴨卵で作ったデザートをいただきながら、伝統ある「羽根盆踊り」をはじめ、唄あり・踊りあり・古代石笛の美しい音色ありの盛り沢山な余興を楽しみました(写真4～6)。

その後、島根県立大学短期大学部・名和田清子教授による講演「食べること」で、生産者と消費者の乖離、食を大切にする心の欠如、包丁を握ったことのない栄養士志望の短大生の存在など、食をめぐる危機的な現状を勉強しました。生産者と消費者をつなぎ、食育にも貢献する合鴨農法の重要性を再認識することができました。

末筆ながら、斐川合鴨稲作部会、JA斐川町、早朝から合鴨料理の準備をいただいた会員とそのご家族の皆様にはたいへんお世話になりました。ありがとうございました！

学習交流会などの様子

①手作りの横断幕　②　③田植えのようす　③　④　⑥

一〇年から、合鴨農法水田での田植え、ヒナの放鳥、稲刈り、合鴨農法のもち米を使った餅つき大会を開催している。ほかにも、しまね合鴨水稲会の学習・交流活動とは別個に、情報交換や援農など会員間の新たなつながりが生まれつつある。このように、学習・交流活動の波及効果も現れ始めている。

学習・交流組織としての効果

ここでは、二〇一一年一二月に開催された第三回学習交流会の参加者に対して終了時に実施したアンケート調査の結果（小学生以下を除く全二六名、回収率一〇〇％）をもとに、会の活動参加による生産者と消費者の新たな理解・発見をとおして、しまね合鴨水稲会が学習・交流組織としてどのような効果をもたらしているのかについて検討したい。

筆者らは、しまね合鴨水稲会の活動参加前から関心のある事柄、活動参加により新たな理解や発見が得られた事柄として、あらかじめ次の一二項目を提示した。①食の安心・安全、②有機農業、③合鴨農法、④自然環境、⑤生産者と消費者の交流、⑥農薬・化学肥料の問題、⑦地産地消、⑧食文化、⑨食農教育、⑩農村のくらし、⑪地域自給、⑫身土不二。

まず、活動参加前から関心のある事柄については、過半数が①食の安心・安全（八八％）を筆頭に、一二項目中七項目（①〜⑦）に関心をもっており、食と農に対する意識の高さがうかがえる。

活動参加により新たな理解や発見が得られた事柄については、次の二点が指摘できる。

第一に、全員が何らかの新たな理解や発見が得られたと回答した。⑩農村のくらし(五〇%)、⑪地域自給(四六%)を筆頭に、一二項目中一〇項目の回答率が二割を上回り、多様な理解・発見が得られていることがわかる。この結果は、学習交流会において、座学の講演会のみならず、参加者が協力して料理やデザートを作って食べるという体験や、他の参加者との対話など、個々の参加者に多様な理解・発見の機会が用意されていることを示唆していると考えられる。

第二に、生産者と消費者で該当する項目数に差がみられる。活動参加前から関心のある事柄の項目数は、生産者が平均七・〇項目、消費者が平均六・九項目とほぼ同数であるのに対し、活動参加により新たな理解や発見が得られた事柄の項目数は、生産者が平均三・二項目、消費者が平均四・四項目と、消費者のほうが一・二項目多い。この結果は、しまね合鴨水稲会の学習・交流活動が、ふだんの生活で農にふれる機会に乏しい消費者に対して、より多くの理解や発見を提供する学びの場となっている可能性を示唆していると考えられる。

次に、自由記入の内容を通じて、学習交流会の参加者の思いについて検討する。自由記入の回答者数は生産者と消費者で各一〇名、計二〇名である。

生産者は「生産者と消費者が現地に行き、意見交換してお互いが理解して発展させたい」「これからの農業のあり方について若い人との座談会が必要と思う」「有機、合鴨農法についての会合の機会を多くしたほうがよい」など、過半数が「農業・農法」「今後・発展」に関する事項について記入していた。

一方、消費者は「合鴨を使ったおいしい料理とてもよかったです。作られる方は大変でしょうが、毎年楽しみにしております」「親睦会で出たお食事には、たくさんの食材が使われていたが、そのどれもが身近なところから得られるものばかりで、また新鮮だったので、とてもおいしかった」「地域資源の生かし方や合鴨への知識が深まった。合鴨料理もとてもおいしくいただいた。今日の経験を今後の学習や生活に生かしたい」など、過半数の回答者が「料理・食事」「地域・地元」「知識・学習」に関する事項について記入する傾向がみられた。

これらの結果から、次の二点が指摘できる。第一に、回答した生産者の多くは農業ならびにしまね合鴨水稲会の将来像に対する関心が高く、そのためには消費者や次世代との対話が必要であることを認識している。つまり、現状の活動に満足することなく、今後の展開について意識している傾向にあるといえよう。第二に、回答した消費者の多くは、料理や地域など学習交流会で得られた知識や体験に対する感想が過半数を占めている。このことは、消費者が新たな理解や発見を得た事柄に関する前述の指摘と符合する。消費者は、しまね合鴨水稲会の活動参加によって新鮮な驚きと発見を得ていると考えられる。

4　今後の展開と課題

以上のように、しまね合鴨水稲会は、都市部の消費者でもあった有機農業生産者、福間忠士・

順子夫妻の多様なネットワークを契機として形成され、生産者と消費者による幅広い学習・交流活動を展開してきたことが明らかとなった。また、学習・交流組織として、食と農の幅広い領域において生産者と消費者に新たな理解や発見をもたらし、今後の農業・農村ならびに産消提携のあり方を考える契機になっていることが示唆された。

このことから、しまね合鴨水稲会は、日ごろ顔を合わせることのできる出雲地方という地域レベルにおいて、生産者と消費者の相互理解を深め、合鴨農法をはじめとする有機農業や地域自給の推進に貢献するネットワーク組織となることが期待できる。その取り組みが地域で広く認知され、生産者と消費者の相互理解の気運が高まることを期待したい。

ただし、しまね合鴨水稲会は設立されて二〇一三年二月で四年を経過したにすぎず、学習・交流組織としては発展途上の段階といえる。生産者と消費者による学習・交流組織として他に波及するようなインパクトを備えるには、現在の実践を今後も地道に継続させていくことが求められるであろう。そのためには、主要なイベントである学習交流会における開催地の会員の負担を軽減する方策とともに、テーマ・内容の拡充が求められる。

以上の前提に立ったうえで、生産者と消費者による学習・交流組織としての今後の課題について二点を指摘したい。

第一に、生産者と消費者それぞれの思いをどのように組織活動に反映させるかについて、検討する必要がある。このことは、前述の「提携の一〇カ条」にある「相互扶助の精神」を、さらに一歩前進させる契機となるであろう。そのためには、生産者と消費者の意思疎通に加え、消費者のより能動的な活動参画が求められる。手段の一つとしては、生産者と消費者が共通のテーマで気軽に話し合うことのできる場の設定が考えられる。

第二に、対象エリアならびに会員の拡充について、検討する余地がある。第2節で指摘したように、しまね合鴨水稲会は、西部の石見地方を含めたネットワーク組織への足がかりとして設立されている。しかし、地理的な制約に加え、石見地方をとりまとめる組織が設立されていないこともあり、全県組織としての見通しはいまだ立っていない。この面で、今後の方向性について検討の余地を残している。また、全県組織が実現した場合や会員が拡充した場合は、これまでのような小回りの利いた組織運営が難しくなる可能性が想定される。したがって、対象エリアならびに会員数に応じた新たな運営方法を検討する必要が生じるものと考える。

(1) 産消提携の展開と課題については、以下の文献に詳しい。波夛野豪『有機農業の経済学』日本経済評論社、一九九八年。中島紀一「食べものの安全性を求める産消提携」『食べものと農業はおカネだけでは測れない』コモンズ、二〇〇四年、一三九～一七五ページ。桝潟俊子『有機農業運動と〈提携〉のネットワーク』新曜社、二〇〇八年。また、産消提携に関する近年の研究サーベイとして、たとえば以下の文献がある。金氣興「有機農業の産消提携における消費者類型——地域環境派と食の安全派」日本有機農業学会編『有機農業研究年報第7巻』コモンズ、二〇〇七年、一八五～一九七ページ。

（2）地域での生産者と消費者の交流の意義については、以下の文献に詳しい。岸田芳朗『地方からの地産地消宣言――岡山から農と食の未来を考える』吉備人出版、二〇〇六年。
（3）たとえば、一九七八年から生産者と消費者による勉強会を開催している筑豊有機農業研究会がある。以下の文献に詳しい。古野隆雄『アイガモがくれた奇跡――失敗を楽しむ農家・古野隆雄の挑戦』家の光協会、二〇一二年、二八〜三一ページ。
（4）福間忠士「有機農業は人をつなぐ」『日本農業教育学会誌』第四二巻別号、二〇一一年、一ページ。
（5）中島紀一『有機農業政策と農の再生――新たな農本の地平へ』コモンズ、二〇一一年、九〜一〇ページ。
（6）合鴨農法の近年のイノベーションについては、以下の文献に詳しい。古野隆雄『合鴨ドリーム――小力合鴨水稲同時作』農山漁村文化協会、二〇一一年。
（7）出雲地方の方言では「頑固」のことを「きこ」といい、「きこな野菜」は「頑固な野菜」を意味する。
（8）そのために忠士氏は、会合の席に石見地方の生産者をオブザーバーとして招いている。
（9）忠士氏の踏査によると、二〇〇九年一一月現在、島根県内で合鴨農法に取り組んでいる農家は八一戸であった。内訳は、石見地方五一戸（吉賀町二一戸、益田市一二戸、浜田市九戸、邑南町九戸）、出雲地方二六戸（斐川町一五戸、出雲市四戸、飯南町四戸、松江市一戸、安来市一戸、雲南市一戸）、隠岐地方（海士町）四戸である（福間忠士「島根での合鴨農法の取組」『合鴨通信』第五五号、全国合鴨水稲会、二〇一〇年、一九〜二〇ページ）。
（10）前掲（9）。

(11)「生産者と消費者の提携の本質は、物の売り買い関係ではなく、人と人との友好的付き合い関係である。すなわち両者は対等の立場で、互いに相手を理解し、相扶け合う関係である。それは生産者、消費者としての生活の見直しに基づかねばならない」(日本有機農業研究会「生産者と消費者の提携の方法」http://www.joaa.net/mokuhyou/guidline.html、二〇〇九年。原文は一楽照雄氏によるコメントとして『土と健康』第七八号、一九七九年に掲載)。

(12) ただし、全国合鴨水稲会のケースと同様、会員の家族も会員として同等に扱われ、非会員であってもしまね合鴨水稲会のイベントには参加できる。したがって、会員の人数がそのまましまね合鴨水稲会の活動規模を表すものではない。

第7章　大学開放事業から生まれた生産者と消費者の連携

山岸主門・井上憲一

1　みのりの小道活動の位置づけ

島根大学に所属する筆者らは、大学憲章の前文にある「地域に根ざし、地域社会から世界に発信する個性輝く大学」「学生・教職員の協同のもと、学生が育ち、学生とともに育つ大学づくり」を具現する場として「ミニ学術植物園」を創出するプロジェクト、通称「みのりの小道」活動を二〇〇四年秋から始めた。キャンパス内に植栽したり自生する植物を活かしながら、教育・研究に関係する植物（ブルーベリーやツツジなど）を植え付け、その維持管理作業を大学職員や学生に加えて、地域住民にも公開して毎月実施している。大学がもつ植物などにまつわるさまざまな「知」や「技」を市民に提供し、市民が実践する。それは、新しい形の「学術成果の地域社会への還元」であると考えている。(1)

生物資源科学部の取り組みとして開始したこの活動はその後、全学的にさまざまな位置づけが

表7―1　「みのりの小道」の島根大学内でのさまざまな位置づけ

項　目	おもな対象	おもな内容	担当部署
学部緑化・交流	学部学生・学部教職員	学部長裁量経費や学部後援会費から援助を受け、通常の管理経費などに充てる	生物資源科学部
緑化などキャンパス・アメニティの整備	学生・教職員	毎秋行われるキャンパス内の一斉落ち葉清掃をサポート。集積した落ち葉を数年堆積し、できあがった腐葉土をみのりの小道などで有効利用する	環境マネジメントシステム実施委員会
まるごとミュージアム屋外施設	地域住民	島根大学まるごとミュージアムのコアゾーンに位置し、屋外施設として開放する	ミュージアム
ビビットポイント対象活動	学生	学内外でのボランティア活動やサークル活動など正課以外の諸活動に対してポイントが与えられ、ポイントに応じて学用品や書籍への交換や授業料免除などの特典が受けられる	学生支援課
一時的な託児活動	学生・地域住民	大学の教職員・学生の子育てと仕事・学業との両立をサポートする人材養成講座の修了学生が、みのりの小道活動への一般参加者の子どもを一時的に預かる（試行中）	男女共同参画推進室
大学開放事業	地域住民	大学のもつ「知」や「技」を広く地域住民に開放する	生涯学習教育研究センター

なされるようになった。それを整理したものが表7―1である。

日常的な学内の存在については、緑化などのキャンパス・アメニティの維持・向上と、「島根大学まるごとミュージアム」の屋外施設として位置づけられる。ほぼ毎月一回開催する公開作業については、学生にとってはビビットポイントの対象活動、大学主催行事への一般参加者の子どもを一時的に預かる活動

（試行中）として、それぞれ位置づけ・評価されている。

さらに、地域住民をおもな対象とした生涯学習の枠組みによる大学開放事業の側面も有する。本章では、この大学開放事業の参加者から生まれ、育ちつつある生産者と消費者との連携事例について紹介したい。とくに、地域の大切な資源であり、地域自給の貴重な主体である人と人とのつながりに注目する。

2　みのりの小道の公開作業

生涯学習に関する世論調査[2]によると、生涯学習を今後してみたいとする者の割合は七割を超えている。その理由の多くは、「興味があり、趣味を広げ豊かにするため」であった。一方で、この一年間に生涯学習をしたことがない者にその理由を尋ねると、「仕事や家事が忙しくて時間がない」に加え、「きっかけがつかめない」「特に理由はない」と回答する者が意外と目立つ。

筆者らは、島根大学の農場を利用した公開講座や大学開放事業を継続している。その参加者には、「大学は何となく敷居が高いが、屋外フィールドで実施する農場の講座は参加しやすい」という好意的な声とともに、「今後の予定があやふやな時に、数ヶ月先の講座に事前に申し込むのはちょっと尻込みする」といった不満の声もあった。こうした貴重な声を参考に、みのりの小道活動では、各種植物が存在する屋外フィールドを活かして、木陰と野外卓のあるスペースをメイ

ブルーベリーの下草管理（フキと上手に共生中）

ン会場とした青空教室を原則とし、事前申し込み不要・参加費無料として、いつでも気軽に参加できるようにした。

みのりの小道の公開作業は原則として、毎月一回、第二水曜日の午後二時～四時に行う。おもな作業内容は、みのりの小道スペース内に植え付けられた野菜や果樹、草花などの管理・利用方法や教育研究の紹介である。とくに、参加者の注目度が高い身近な雑草について、付き合い方と楽しみ方に焦点を当てた活動を心がけている。二〇〇四年一〇月から一三年三月（その後も継続中）まで計一一〇回実施し、参加者はのべ三三四八名である。過去九年間の全参加者数に占める一般参加者、学生参加者、教職員参加者の割合を図7―1に示す。

初期は、学生の参加を促して学内での認

図7－1　みのりの小道全参加者に占める一般、学生、教職員の割合の変化

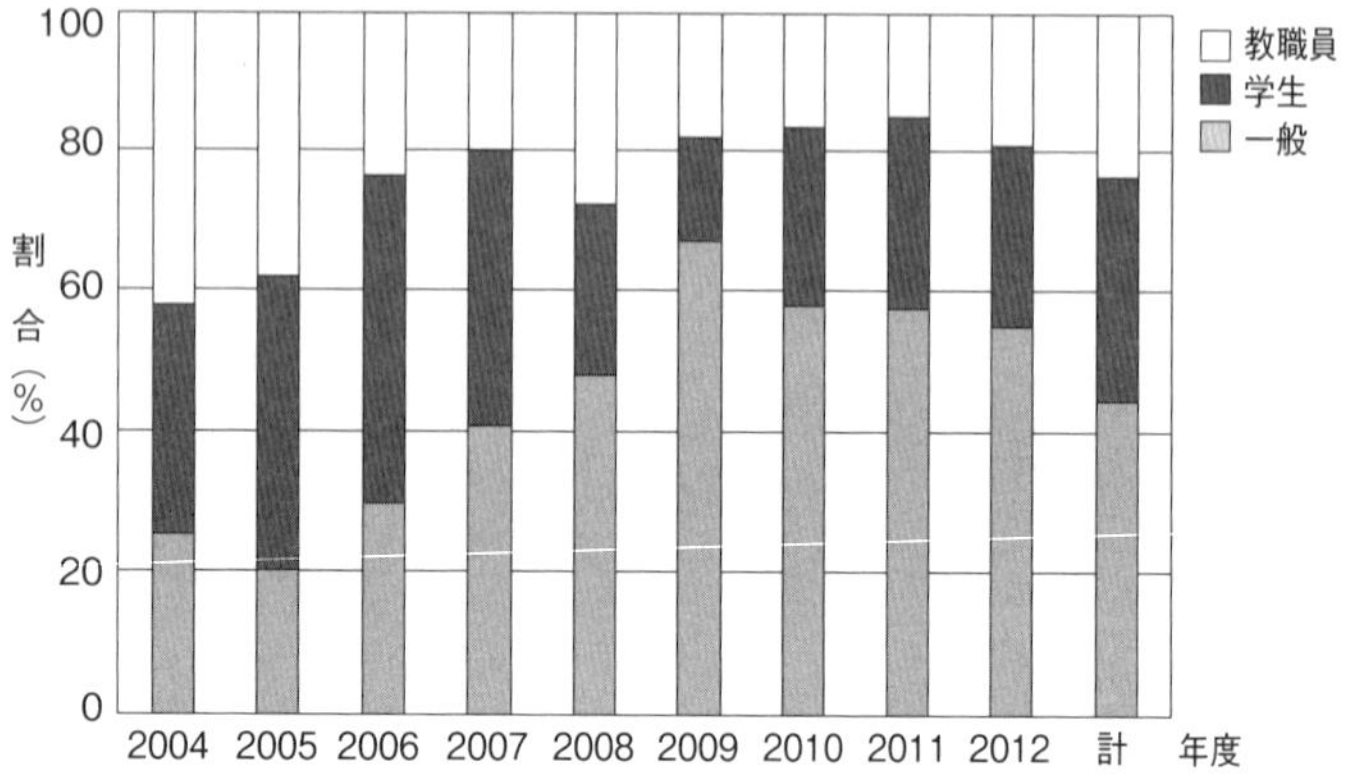

知度を上げるため、筆者らが担当する授業（講義や実習）とタイアップして実施することも多かったため、学生の参加割合が三～四割を占めていた。その後、学生と教職員の割合が減り、当初は二割程度であった一般参加者が増え、最近は六割程度を維持している。

当初は大学の広報誌やホームページに掲載したり、学内のイベント時に併せて紹介したり、地域住民に積極的に広報してきた。二〇〇八年度からは毎月の公開作業にあわせて、「みのりの小道通信」（B４版両面）を作成し、参加者に配布している。その通信の例を図７―２に示す。表面は、PDCAサイクルを活用し、前回活動の実施内容を振り返り（Do）、参加者アンケートの結果（Check）やその回答（Action）を載せ、今回以降の活動予定（Plan）を示す形態である。裏面は、参加者から提供のあったイベントの結果や告知、筆者らの体験、興味のある新聞記事などを適宜掲載する。

近年は、みのりの小道の様子を端的に表したこの通信

図7-2 「みのりの小道通信」の例(2011年11月号、表面)

みのりの小道通信 2011年11月号

ミニ学術植物園「みのりの小道」を活用した
「学生・地域とともに育ち、歩む大学」づくり

島根大学(松江キャンパス)松江市西川津町 1060
TEL ：0852-32-6492（生物資源科学部 事務室）
Email：shumon@life.shimane-u.ac.jp（山岸）
平成 23 年 11 月 9 日 発行

光沢があってちょっと厚い柿の葉は、緑、黄、橙、赤の斑状に紅葉します。この柿の葉を葉脈に沿って半分に折ってから、さらに台形状に折り、それを数枚重ねていくと、雅な「十二単衣」に。柿の周りにある野の花を顔にして、「柿の葉人形」の出来上がりです！

前回《10 月 12 日》の第 93 回公開作業

前回の主な実施内容【Do】※写真付

◆主な実施内容(Do)
参加者数 30 名(一般 19 名、学生 8 名、教職員 3 名)で行いました。
◇紹介「食の杜のポスター_杜のパン屋」◇作業「ナツメとクルミ、ギンナンの収穫」◇観察「ゲンノショウコ」◇見学「ヒナタイノコズチを抜き取った跡の中庭」◇作業「中庭奥の畑に播種(ナギナタガヤ)&移植(ナバナ)◇紹介「映画_降りてゆく生き方」◇作業「コムギの脱穀」◇作業「皇帝ダリヤの誘引」◇交流「福間農園の援農報告&予定」◇交流「みのりの小道通信の発行」

学生による食の杜のポスター発表

前回のアンケート結果【Check】

◆アンケート結果等1(Check&Action)
・体をどのくらい動かしたか;極小 9% 小 43% 中 39% 多 9% 極多 0%
・わかりやすい説明だったか;そう思う 87% 少しそう思う 9% どちらでもない 4% そう思わない 0%
・本日の活動に満足したか;そう思う 78% 少しそう思う 22% どちらでもない 0% そう思わない 0%
・印象に残ったもの(複数回答) ナツメ、ギンナン、ザクロの収穫 61% 食の杜のポスター61% ゲンノショウコ 39% コムギの脱穀 9% ナバナの移植 4% ナギナタガヤ播種 4% 月と竹の話 4% 援農報告 4%
・歩数 303(492 歩／時)、身体加速度(平均)0.93(0.92)、身体加速度(最高)3.83(4.67) ※カッコ内は前々回

前回のアンケート(自由記述)への回答・改善案など【Action】

◆アンケート結果等2(Check&Action)
【ナツメ、クルミ、ギンナン、ザクロの収穫】
学内にいろんな果実があってびっくり▼ギンナンとナツメの収穫が初めてで楽しかった▼果実の状態のクルミを初めて見た▼ギンナンを土に埋めることを初めて知った▼今年のナツメは昨年に比べ甘かった▼収穫体験は植物本来の姿を発見する良い機会になる

いずれも過去に意図的に植えられ樹ですが、粗放的な管理で力強く&しなやかに生きて、毎年、実をつける姿が頼もしくていいですね。私は「半栽培」と呼んでいます。

【食の杜のポスター】
横井さんのしゃべりはとて上手でおもしろかった▼よく調べたなぁと思った▼いっぱい失敗をしなさいという話にとても同感▼こだわりと固執は違うというお話になるほどなと思った▼パンと米の話→米粉のパンもあるけれど…▼横井さんが雨川さんと良い関係を作ったからこそできたポスターなんだろうなと思った

「失敗のない人生は失敗だけん」という佐藤さんの言葉に、私も感銘を受けました。

雨川さん、米粉のパンではなく、小麦粉のパンへのこだわりがあるようです。

本音がぽろりと出てくる瞬間に「居合わせる」ことができたのは、偶然ではなく、やはりじっくり誠実に付き合い続けて初めて気づくことができるのだと思います。

【その他】
一月一憶（私の造語）の実行「こぶなぐさ」▼雑草の中にいろいろ植えていて驚いた▼“自生”は大賛成　我が家にも蕗、栗、山椒、零余子などいっぱいあった▼ゲンノショウコの説明のように 1 つのものについて話してもらうととても充実感を感じる▼ヒルガオの話が次々と広がり、みのりの小道らしい良い雰囲気で嬉しかった

【提案・要望】
脱穀&製粉した小麦はホットケーキがいいな▼ヒルガオも雑草として取り除くものなのですか？

ヒルガオは耕すとどんどん広がりますが、みのりの小道の「半月地帯」のヒルガオは今年、だいぶ減りました。

本日《11 月 9 日》の第 94 回公開作業

今回の作業予定【Plan】※イラスト付

◆主な計画(Plan)
◇作業「落ち葉集め、キクイモ収穫、ヘアリーベッチ播種」永田（学生）
◇作業「ナンキンハゼの実を採る」by 近江田（学生）
◇観察「ギンナンの腐熟具合チェック」by 古志野君
◇作業「カリン、ザクロ、カキの収穫」by 猪股（学生）
◇作業「柿の葉人形づくり」by 山本（学生）
◇紹介「食の杜のポスター（日登牧場）」by 越智（学生）
◇観察「ウシハコベ」by 山岸（教員）
◇交流「福間農園の援農報告&予定」by 古志野（一般）
◇交流「GARDEN_Suyama」by 巣山（教員）
◇交流「みのりの小道通信の発行」by 猪股（学生）、山岸（教員）

byAi Inomata

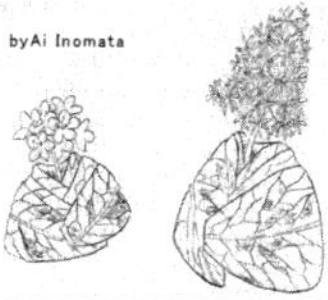

次回の援農は、11 月 14 日(月)9:30～12:30 の予定！

次回以降の作業予定【Plan】

◆今後の公開作業の予定（Plan）
第 95 回：12 月 14 日（水）14:00～16:00：春の七草探し、竹の紙鉄砲づくり、室山農園の紹介等
第 96 回：1 月 11 日（水）14:00～16:00：ナンキンハゼ蝋燭づくり、ワイナリー奥出雲葡萄園の紹介等

を、一般参加者が近隣の友人に見せ、誘って参加するケースが多くなっている。また、公開作業での交流内容をみても、一般参加者の得意分野や興味のあることを紹介し合うケースが増え、みのりの小道が全体的に地域住民に支えられている傾向が強まってきた。

参加者の多くは五〇～七〇代で、農作物や草花の栽培を趣味としている（消費者）。農家（生産者）の参加は少ない。そうしたなかで、福間農園（島根大学から車で約三〇分）の園主・福間忠士氏（第6章参照）は島根大学の知人の紹介で、二〇〇八年六月以降、ほぼ毎回参加している。

福間氏は、自らが行う合鴨農法をはじめとした農業全般について、消費者により深く理解してもらうことが生産にとっても大切だと以前から考えてきた(3)。その意図を汲み取り、福間氏から合鴨農法などの実際について、公開作業で定期的に話していただくことにする。参加者の多くは小規模な家庭菜園やベランダ・キッチン栽培を楽しんでおり、農家の現場の楽しさや大変さについての話を気軽に聞くことができる機会はたいへん貴重であった。

3　援農の仕組みと意義

こうした交流を継続するうちに、参加者の間でゆっくりとかつ確実に信頼関係が生まれ、二〇〇九年ごろから福間農園の農産物の注文や農園への訪問希望が自然発生していく。そこで、同年五月に、筆者ら大学教員主導で数回の援農機会をつくり、交流を開始した。さらに、そこに積極的に参加したメンバー数人に援農の企画・調整役（コーディネーター）を依頼。八月以降は、彼らを中心に援農が動き出した。四半期ごとにまとめた福間農園への援農の回数、参加者数、おもな内容について表７―２に示す。

当初は毎月二回程度の実施だったが、冬ごろからはほぼ週に一回のペースで実施している。参加者のコアメンバーは地域住民四名。毎月の「みのりの小道通信」で次回の援農日程を知らせ、興味をもった地域住民や学生も毎回加わる形で、平均五～六名程度で継続してきた。圃場や休憩スペースの広さ、作業の段取りなどを考えると、適正人数のようである。

援農の内容は、基本的に、福間農園の仕事に合わせて福間夫妻が決める。ナスやかぼちゃ、玉ねぎ、ナバナなどの野菜の植え床準備から始まり、種播き、草取り、収穫、調製などの作業を中心に、季節に合ったさまざまな作業を行ってきた。また、年に数回、おもに援農参加者の発案で、イベント的に、福間農園周囲の竹林を活用した竹の子掘り、水田からの副産物を活用した注連縄づくりや合鴨料理づくりなども開催し、新たな援農参加者の発掘に一役買っている。

援農の参加者およびコーディネーターを対象に実施したアンケート結果の一部を図７―３（二三二ページ）に示す。左側が一般参加者、右側が援農コーディネーターである。一般参加者の目立った感想は、「有機農業の大切さ」や「収穫・販売に至るまでの大変さ」への気づきに加え、「自然や動物を相手にしているため同じことが通じない。毎年、考え直す必要がある」などである。地域住民と一緒に参加した大学生からは、次のような本質を見据えた感想も見受けられた。

表7－2　福間農園での援農の記録(2009～11年度)

年度	月	回数	参加者数	おもな内容	イベント
2009	4～6	5	48	竹の子掘り、合鴨解体、野草摘み取り、里イモ植え付け、黒大豆播種、ニンニク畑草取り、防鳥対策	竹の子【5月】
	7～9	5	32	かぼちゃ敷草、里イモ草取り、水田ネットはずし、黒大豆畑草取り、ヒルガオ除去、大根播種、カボチャ収穫・片付け	
	10～12	7	32	わけぎ選別・畝立て・植え付け、ニンニク施肥・マルチ張り、サツマイモ収穫、ナバナ播種、玉ねぎ植床準備、ニンニク畑草取り、ヘアリーベッチ・エンバク播種、玉ねぎ植え付け、ナス片付け、白・黒大豆乾燥	注連縄《しめなわ》づくり【12月】
	1～3	13	62	ニンニク・わけぎ畑草取り・施肥、黒大豆脱穀、エンドウ苗定植、ナバナ畑草取り、水田用ネット片付け、剪定枝片付け、味噌づくり(4回)、合鴨解体、ニンニク追肥、黒大豆選別、玉ねぎ追肥、夏野菜播種、ジャガイモ植え付け、稲苗箱土入れ	新年会(一品持ち寄り)【1月】
2010	4～6	20	104	椎茸植菌、種籾消毒、ナバナ収穫、稲播種、サツマイモ植え付け、竹の子掘り、かぼちゃ定植、田植え、大豆播種、水田の金網・ネット設置、ニンニク摘芽、里イモ植え付け、ナス・唐辛子・生姜定植、堆肥運搬、かぼちゃ追肥、オクラ畑草取り、ウメ収穫	竹の子掘り【5月】
	7～9	11	87	ニラ植え付け、大豆畑草取り、里イモ畑草取り、大豆畑草取り・追肥・培土、サツマイモ畑・かぼちゃ畑草取り、ナス収穫、ズッキーニ&かぼちゃ片付け、ナス畑草取り、稲刈り、大根播種、わけぎ植え付け準備、稲架掛け	座談会(卵&ナスをテーマに)【9月】
	10～12	9	53	稲架の修復、わけぎ植え付け準備、サツマイモ収穫・調製、大根・津田カブ間引・調製、小豆収穫、ニンニク植え付け準備、合鴨用ネット片付け、エンドウ播種、里イモ貯蔵準備、ナバナ畑草取り、里イモ掘り、大豆収穫・乾燥、黒大豆乾燥、ウド片付け、薪運搬	映画鑑賞会【11月】
	1～3	12	53	大豆脱穀・選別(唐箕)、味噌づくり(4回)、ニンニク・玉ねぎ畑草取り・施肥、エンドウ定植、キウイ樹片付け・焼却、大豆脱粒、ニンニク・玉ねぎ追肥、稲苗箱土入れ、玉ねぎ施肥、各種野菜播種	新年会(一品持ち寄り)【1月】

2011	4〜6	11	46	稲播種、ゴボウ播種、かぼちゃ・パセリ・人参・ほうれん草など播種、刈草収集、稲苗箱土入れ、石・根拾い、ナバナ花摘み、アブラナ科野菜片付け・除草、ウド収穫、かぼちゃなど定植、ウリ・里イモ・ズッキーニ定植、黒大豆播種、水田ネット張り	
	7〜9	11	55	ニンニク・玉ねぎ調製、黒大豆畑草取り、ジャガイモ掘り、里イモ畑草取り、かぼちゃ・シソ収穫、大豆畑草取り、エンドウの片付け、ナス畑・ゴボウ畑草取り、ブルーベリー敷草、ほうれん草・ナバナ・大根播種、白菜定植、稲刈り、稲架掛け	
	10〜12	13	66	大根畑草取り、ワラ運搬、ナバナ定植準備、柿収穫、ナス片付け、イモ掘り、ナバナ畑草取り・施肥、柿収穫、ニンニク調製、サニーレタス・キャベツ定植、葉菜類播種、空豆・エンドウ播種、ニンニク植え付け、玉ねぎ植え付け、大豆収穫、ナバナ間引き、大豆干し場づくり、合鴨用ネット張り、鴨の捕獲	ミニ門松づくり【12月】
計		117	638		

「大学で農業を農学として勉強していると、農業や農作業、農作物は客体として捉えることが多い。実際に作業をすると、もっと主体的なものであって、自分がどうしたいか、自分がどうしたらいいかということが重要だ。他人から教わるより自然から教えられたことに自分がどう応じるかが大事だと思った」

一方、コーディネーターの感想からは、援農の募集方法や福間農園までの交通手段の悩み・工夫の必要さなどが見られるとともに、援農を通じて、「何かパワーをもらうため、リピーターが多い」「子ども、学生、これから有機農業を目指す若い人、年配者と、様々な年代の人と話・交流できるのが楽しい」といった、福間夫妻や参加者との有機的なつながりの大切さへの気づきが読み取れる。また、天候による作物の生育への影響や野生動物による被害などに接して、「買って食べる

図7-3　内容分析によるおもな重要キーワードのマッピング結果

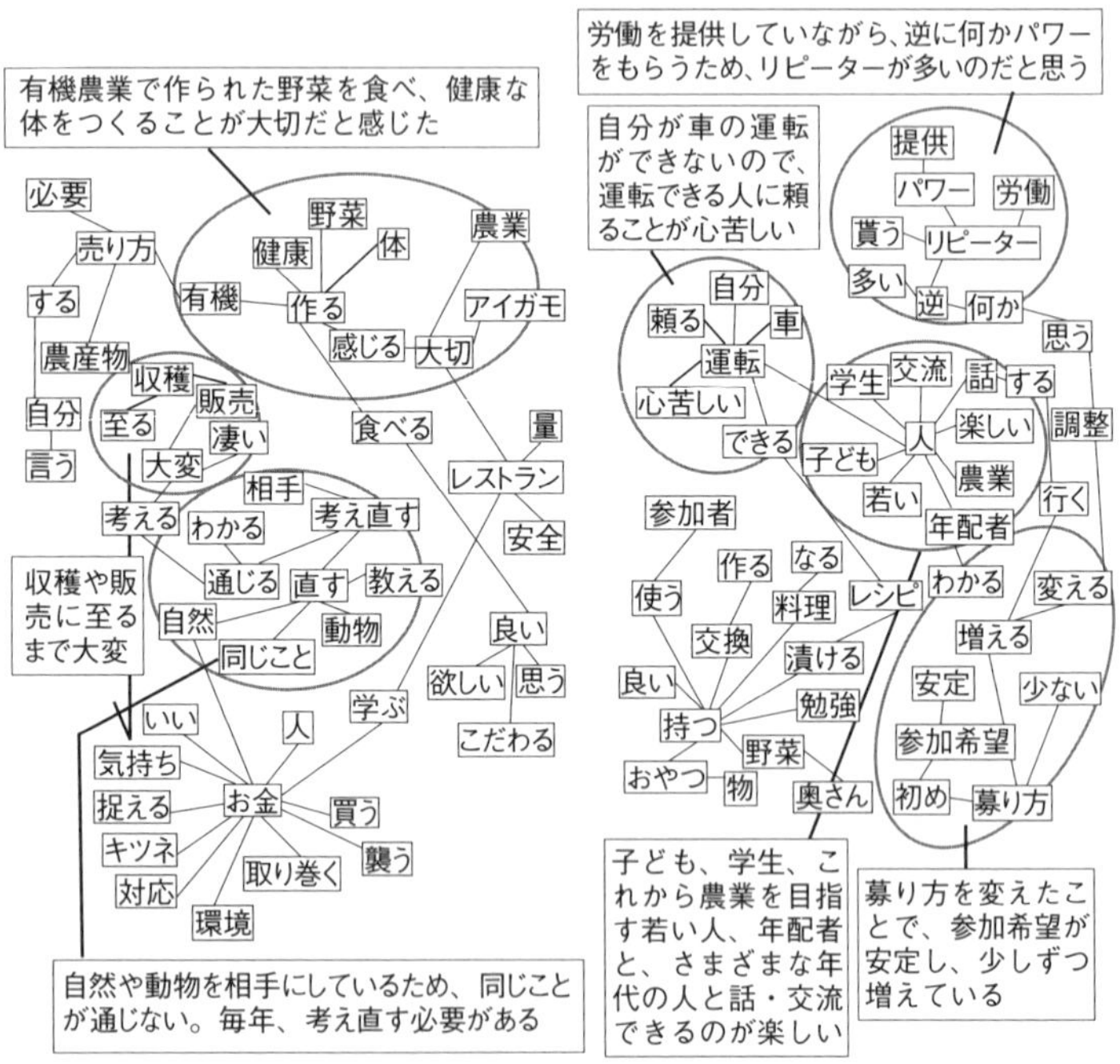

だけではわからない農業の苦労・考えることの大切さがお手伝いをしてよくわかった」との感想が印象的であった(4)。

4　今後の展望と課題

参加者の主体性を活かした交流を育む

一般的に、大学教員は教育・研究活動に比べて大学開放事業の位置づけは弱く、大学の周辺的あるいは副次的な社会サービスとして意識されているケースが多いと言われる。[5]

島根大学は二〇〇六年に大学憲章を制定し、そのなかに社会貢献を大きく位置づけ、生涯学習に関わる公開講座や大学開放事業もより積極的に実施してきた。今後さらに質・量ともに充実させていくことが望まれる。そのなかで、みのりの小道活動は大学開放事業として、八年あまりで通算一〇〇回以上も開催し、市民が集い学ぶ場として一定の成果を収めてきたと実感している。

ここで紹介した援農活動は、このみのりの小道活動の継続がまずあり、そこで交流を深め合った参加者間から生まれたことに大きな意義がある。その意味で今後は、主催者側である大学が提供する内容だけでなく、参加者の主体性が活発に出るような仕掛けの構築や参加者同士が交流するきっかけづくりに、より努めていきたい。

参加者の農業への理解を高める

援農をマネジメントしている組織としては、生協が代表例としてあげられる。生協の職員である山本伸司は、「生協は教育機関でもあり、本気で消費者を変えていく使命があると考えている。消費者の意識改革として、講演会や産地訪問、農業体験を行っている」と述べている。[6]農業を盛り立てていくためには、農業の価値を認め、援助・購入してくれる消費者の存在が欠かせない。消費者の農業理解をより高めていくことが、みのりの小道の大事な役割である。

正しい農業理解が乏しいままに農作業体験や援農に参加しても、なかなか次の参加につながらないことが多い。都市農村交流を深めていくために滞在型市民農園を提唱している東正則は、「厳しさを嫌い、楽しさだけを求める人は、市民農園の利用者に相応しくない」としている。楽しさと厳しさの両面をもつ農業を丸ごと理解する機会づくりが重要であるだろう。(7)

また、農家との提携活動や農作業体験、援農に積極的に参加する消費者は、①新鮮な食を求めるグループ、②地域の環境を守ることに意識の高いグループ、③農家を経済的に支えていこうというグループの三つに分けた場合、①の新鮮な野菜を手に入れるために参加するという理由が圧倒的に多いという。(8) 同様に、有機農産物を農家と提携して購入する消費者を「食の安全派」と「地域環境派」に類型した金氣興は、有機生産される安全な食べものには興味があるが、有機農業のめざすものを十分に理解できていない「食の安全派」が一定割合存在することを指摘し、農業・食料をテーマとした社会活動にも興味をもつ「地域環境派」を増やすことが大切であり、そのためには通信などのコミュニケーションを積極的にとるようにする必要があることを提案している。(9)

みのりの小道活動では、毎回配布する通信の意義は大きい。先述したようにこの通信を介して、活動に参加し、そのなかで農業について学び、そして生産者と直接結びつく援農に進展していく流れを確かなものにしていきたい。

そのためには、農業は単に食べものを生産するだけではなく、地域資源に依拠した自然に寄り添った暮らし全体を創り出していることを一般参加者にていねいに伝え続けていくことも大切であろう。みのりの小道の公開作業でも、たとえば、キャンパス内の落枝・落葉を焼きイモの燃料にしたり、畑のマルチ資材や腐葉土として活用したり、草取り作業で生じた野の草を花瓶に生けたり、押し花にして飾り物を作ったり、草笛の材料にして遊んだりと、ささやかながらも身近な地域資源を活用した物質循環の大切さや文化としての農的暮らしのすばらしさを体感できる機会を設けるように心がけている。

参加者の顔ぶれを多様にする

援農を充実・継続させていくためには、グループのメンバーは世代や職業や性別が一定であるよりも、バラエティに富んでいることが望まれる。都市住民も農・山・漁村の住民も、また子どもからお年寄りに至るさまざまな世代が自主的に楽しみながら学び合うことで、子どもは子どもなりの鋭敏な感性によって、若者や中年世代は未来を担う立場から、そして高齢者は長年の経験に基づく豊かな知性を発揮して、世代を超えてお互いに切磋琢磨し合うことが予想される[10]。

援農参加者の顔ぶれを多様にするためには、援農の場を多様にすることが一つの方法として考えられる。福間農園では合鴨水田の周囲の農地に、ブルーベリーなどの小果樹類を中心に植栽を開始している。今後、イネも合鴨も一緒に育ち、雑草も害虫も資源として位置づけられる水田を基軸としながら、永年性作物である果樹を利用した立体農法の展開や[11]、水田や果樹園、およびその周囲で子どもたちが元気に遊ぶ冒険遊び場[12]の創設なども考えられる。この援農活動が、単なる農作業体験、生産者と消費者の狭義の連携活動としてだけではなく、生物多様性を実感する場として、地域の子どもたちをはじめとする多様な参加者の健やかな成長を育む場として機能する機会づくりになる可能性を模索したい。

消費者側がコーディネート役となる

福間農園の援農における参加者のスケジュール調整や連絡といったコーディネートは、消費者（参加者）側が実施している。その継続は非常に大変であり、農家が担当するには負担が大きい。福間農園の援農のコーディネート役は最近の援農日誌で、「雨を気にしているせいか、朝方の雨の音で目が覚めた」と記していた。とくに天候不順が続く冬場には、予定した作業が計画どおりできるかどうか、毎週心配している様子が見て取れる。このように援農コーディネート役を担う結果、さらに深く農と向き合う暮らし方に近づく機会が与えられたと捉えることもできる。

このような農作業体験や援農のコーディネート役を一般消費者からどのように発掘・育成すべきかという問題がある。以下、二つの事例を紹介して検討していきたい。

第一は、コーディネートを専門に行う人・団体の発掘である。松江市西長江地区には「昔ながらの米作り」を目指す地元農家の集まり「長江米エコ栽培グループ」があり、年に数回の農作業体験イベント（種播き、田植え、草取り、ホタル狩り、稲刈り、収穫祭など）を数年前から実施している。(13) 当初は地元農家のみで始めたが、イベント準備や人集めに苦労していた。その後、西長江地区を担当する島根県の生活改良普及員のネットワークによって複数の個人や任意団体とつながっていく。現在はこれら他地域の人たちがコーディネート役として会合に参加し、外から見た、内側からでは気づきにくい魅力・地域資源を伝え、その価値を伝えるお手伝いをしている。

第二は、いくつかの自治体が実施している「農業講座」の開講である。たとえば、札幌市では市民を対象に、農業に関する知識や栽培技術の習得を通じて新たな農業応援団の育成を目的に二〇〇一年度から市民農業講座「さっぽろ農学校」(入門コースと専修コース、それぞれ一年間)を行っている。講座修了生は就農したり、農家への援農作業や農業体験・学校農園活動などの農業ボランティアとして活動したりしている[14]。同様に、横浜市では一九九三年度から「市民農業技術講座」を開始し、農家で手伝いができる人材を育てる二年制の実践講座を開催してきた。講座修了生の有志は援農支援組織をつくり、農家からの求人情報を調整しながら援農を実施している[15]。

このようなコーディネートの専門家や援農者の育成を目的に、農作業体験イベントや援農を行うなかで、参加者の中からコーディネート役を見出し、育てていくという流れもあるだろう。

島根県は二〇〇七年度から有機農業推進計画を策定し、技術支援や農業者の取り組み支援、県認証制度の運用などを行っている(第5章参照)。その中にはさらに、生産者と消費者の連携活動として、「環境を守る農業宣言」がある[16]。これは、生産者、消費者、流通業者、小売店などの県民がそれぞれの立場で、自らが行うことができる環境を守る農業への貢献を宣言する取り組みで二〇一三年三月末現在で三六二七件の宣言がなされている。生産者だけでなく、消費者なども加わったところに大きな意義をもつが、これまで宣言者間の交流は、年に四回発行する紙媒体の情報誌『きらり』が中心であり、リアルタイムにイベントの活動報告や情報提供を行うことが難しかった。

そこで「環境を守る農業宣言」者を土台として、ネット環境も活用し、機動力を加えた「しまね有機の郷ネットワーク」(事務局＝島根県農林水産部農畜産振興課)を二〇一二年一二月に設立した。島根県ではこれらの仕組みを使ってお互いに情報を共有しながら、環境に配慮した生産活動を行う生産者と、環境に配慮した安全な生産物を欲し、生産者とともに汗を流したい消費者とを結びつける取り組みを開始していく予定である。環境を守る農業宣言としまね有機の郷ネットワークを核として、今後、福間農園での援農のような仕組みづくりを県内で少しずつ構築していくことを願うところである。

（1）山岸主門・巣山弘介ほか「ミニ学術植物園『みのりの小道』を活用した『学生とともに育つ大学』と『地域とともに歩む大学』づくり」『島根大学生物資源科学部研究報告』第一三号、二〇〇八年、六六〜六九ページ。

（2）内閣府「『生涯学習に関する世論調査』世論調査報告書」(平成二四年七月調査)、二〇一二年、六ページ。

（3）福間忠士「有機農業は人をつなぐ」『日本農業教育学会誌』第四二巻別号、二〇一一年、一〜四ページ。

（4）このコーディネータ役が援農についての思いや感想を島根県農林水産部農畜産振興課作成の島根の環境農業情報誌『きらり』に「援農の楽しみ――生産者の方と共有する農業の喜び」と題して記しているので、その一部を以下に引用する(第一〇号、二〇一〇年、三ページ)。

「私たちが行くことで、かえって邪魔になるのではないかと不安な時期もありましたが、素人の私たちでも必要としてもらっていると気がつき始めたとき、逆にそれが喜びに変わり、今では元気の素となっています。援農に通っていると、鴨が野生動物に何十羽も殺されたり、この間まで元気だった野菜が病気になったり虫に食い荒らされたりという残酷なことをたびたび目にします。今まで買うだけでは分からなかった農業の大変さを感じる一方で、蒔いた種が芽を出して生長し、収穫という大きな喜びを生産者の方と共有できるのはこの上もなく幸せを感じる瞬間です。援農の時間はわずかですが、無農薬野菜を提供されるFさんのお手伝いをすることで、それを消費する人の健康を後押ししているようでうれしく感じ、生き甲斐にもなっています」

（5）熊谷愼之輔「大学開放をめぐる大学教員のタイプ別分析――島根大学の大学開放に関する調査をもとに」『島根大学生涯学習教育研究センター研究紀要』第一号、二〇〇二年、九九〜一一一ページ。

（6）山本伸司「有機農業を消費者の立場でバックアップするパルシステム」『技術と普及』第四五号、二〇〇八年、六四〜六六ページ。

（7）東正則『滞在型市民農園をゆく――都市農村交流の私的検証』農林統計出版、二〇〇九年、二〇三〜二一一ページ。

（8）奥村直己「米国におけるＣＳＡ運動の多様化――生産者と消費者会員の関係性の変化」日本有機

農業学会編『有機農業研究年報第4巻』コモンズ、二〇〇四年、二〇七〜二一九ページ。
（9）金氣興「有機農業の産消提携における消費者類型――地域環境派と食の安全派」日本有機農業学会編『有機農業研究年報第7巻』コモンズ、二〇〇七年、一八五〜一九七ページ。
（10）小貫雅男・伊藤恵子『菜園家族21――分かちあいの世界へ』コモンズ、二〇〇八年、一九七〜二一二ページ。
（11）賀川豊彦・藤崎盛一『立体農業の理論と実際』日本評論社、一九三五年。
（12）羽根木プレーパークの会『冒険遊び場がやってきた！』晶文社、一九八七年、一三〜一六ページ。
（13）森則子「自然と人と、人と人がつながる場所」『日本農業教育学会誌』第四二巻別号、二〇一一年、五〜八ページ。
（14）中田ヒロヤス「農作業ボランティアや農業と市民をつなぐパイプ役『農作業体験スタッフ等』を育てる」『自然と人間を結ぶ』第四一号、二〇〇八年、六八〜七五ページ。
（15）大江正章『地域の力――食・農・まちづくり』岩波書店、二〇〇八年、一九〇〜一九三ページ。
（16）栗原一郎・安達康弘ほか「島根県における有機農業推進施策の状況と有機農業技術開発」『有機農業研究』第三巻第一号、二〇一一年、六一〜六六ページ。

終章　これからの地域自給のあり方

井口隆史

1　地域自給と提携運動

山村の地域資源管理と自給経済

中国山地の山村において、長年継続されてきた地域資源管理（利用）の原像について、永田恵十郎は、次のように述べている（図終―1参照）。

「水田＋里（畑）山＋山という個性的な地形をいかした地目・作目の有機的・連鎖的な結合システムが、島根県の山村で成立していたことを確認できるだけでなく、人々はこのシステムのもとで、米＋和牛＋木炭＋特産物（楮、和紙、大麻、養蚕等）を収入源として、自らの生活を営んでいた[1]」

さらに付け加えなければならないのが、山村では自給用の小さな畑や庭で野菜や果樹を育て、里山や奥山において山菜やきのこなどを必要に応じて栽培したり採取したりしていたことである。また、共有山（入会林）においては、地域の人びとが一定のルールのもとで自給用の燃材や野草、落ち葉などを採集していた。

これらは現金収入に結びつかない場合も多いが、自給経済部分として山村農家の暮らしを支え、その豊かさをもたらすものとして、欠かせない。山村の強みは、平場農村のように広い田畑はないが、地域の特性を活かした多様な食とエネルギーの自給が可能な点である。

こうした結合システムと自給経済は、中国山地の山村で広くみられただけでなく、全国各地の山村、農山村に存在していた。農薬や化学肥料をできるだけ使用しないだけでなく、食料、資源・エネルギーを可能なかぎり自給しつつ、有機循環的な農家経営が行われていたのである。土づくりを基本に、与えられた自然力を巧みに利用した小規模有畜複合経営が営まれていた。地域資源の循環的利用や多様な自給経済は、第二次世界大戦後においても、部分的な変化はありながらも基本的に維持されていた。

図終−１　中国山地山村の地域資源管理の原像

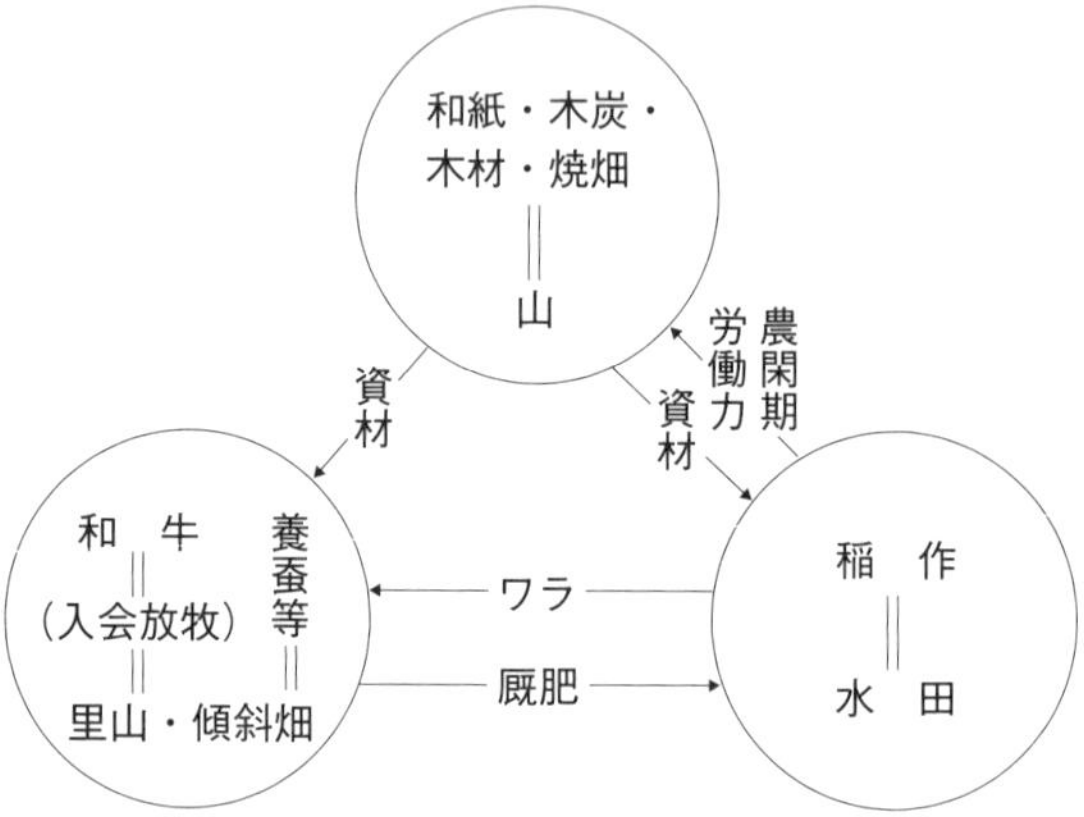

（出典）永田恵十郎『地域資源の国民的利用』農山漁村文化協会、1988年、237ページ。

農業の近代化と自給経済の喪失

日本農業の有機循環的な性格が急速に失われたのは、高度経済成長の過程である。そこでは、耕地の統合による規模拡大と単作化された耕地を対象に、一九六一年制定の農業基本法に基づく「農業の近代化」と呼ばれる機械化・化学化・施設化が急速に進んだ。それらは、以前の牛馬や太陽光・熱などの自然エネルギーを有効に利用する農業生産からの離脱であり、農業用資材や化石資源を地域外、あるいは海外から持ち込み、大量に消費することによってはじめて可能なモノカルチャーであった。この過程で、エネルギー収支(生産物から得られるエネルギー量と、それを生産するのに必要なエネルギー量の比較)はプラスから大きくマイナスへと変化する。(2)

しかも、多くの自給作物を栽培対象から省き、市場での販売を目指して、特定の「有利な作目」に生産を特化させた(少品目大量生産)。その結果、農家であっても、家族の食材は自給よりも購入する割合が多くなっていく。自給が減少すれば、その分だけ確実に外部からの食材やエネルギーや資材に依存しなければならなくなる。

こうした方向は、農業基本法によって政府や自治体が政策的に推進しようとしただけでなく、農民自身も農協も、無自覚的に、あるいは自覚的・積極的に受け入れたのである。この農業近代化の過程は、地域資源と太陽エネルギーを最大限に活かした自給的農業を衰退させ、伝統的農業と暮らしに大きな影響を与えた。

枯渇性資源である石油の大量消費によってはじめて可能となる近代農業の推進は、山村においても規模は小さいものの同様であった。それは、山村の豊かさであり強みであった自給経済の喪失過程でもあり、伝統的山村農業の有機循環的性格を大きく変えていく。

まず、山村の農閑期の就労の場であり、大きな収入源でもあった薪炭生産が、エネルギー革命によって一九五七年をピークに急減する。また、化学肥料の普及と農業機械の導入によって和牛飼養が不要となり、一九七〇年には米の生産調整（減反）が始まった。こうした山村の人口扶養力の低下と就労機会の減少は、都市からの労働力需要の急増とあわせて、都市への人口流出の契機となる。たとえば、地域経済を支えた薪炭生産の衰退にともなう弥栄村の人口減少率は、一九六〇〜六五年に全国一の三四・八％であった（九二ページ参照）。わずか五年間に、人口の三分の一を失っている。

有機循環農業への回帰と提携ネットワークの実現

近代農業に取り組む過程で、農薬や化学肥料の使用による自然や人間の健康への害に気づき、木次町の大阪貞利などのように、身近な出来事から近代農業に不審を抱く農家が生まれた（三五ページ参照）。そのなかから、ごく少数ではあるが、近代農業のあり方に根本的な疑問を感じて方向転換したいと考える農民が出現する。

だが、彼らにとって、習うべき先達はない。多くの場合は——木次もそうであるが——、とりあえず経験的に知っている伝統的循環農業へ回帰し、その意味を理解し、農薬や化学肥料に頼らない作物栽培を試していった。したがって、後の有機農業につながる技術は、それぞれの地域条件を前提として、農民が長い試行錯誤の末に身につけた独自のものである。それは、かつての農業のなかに有機農業的な内容を確認し、意識的に取り入れていく過程でもあった。

全国各地に、こうした点としての有機農業の試みが始まるのが、一九六〇年代末から七〇年代前半である。当時は各地で公害問題が表面化し、環境汚染が広がるなど、有機農業的な農業への関心を高める背景があった。しかし、方向転換に悪戦苦闘する生産者は地域や仲間に受け入れられず、苦しい試行錯誤が続く。

それでも、一九七一年の日本有機農業研究会の設立から、七五年の『複合汚染』の出版を経て、生産者グループと消費者グループとの間の産消提携の試みが実現していった。一九七五年前後には、各地に有機農業研究会が結成され、有機農業技術の実践者の交流も生まれている。

農薬も化学肥料も使わない、安全・安心な農業を行う有機農家(グループ)には、多くの消費者(グループ)からの提携希望があった。当初は、安全・安心ではあっても、技術が安定しない生産物もあったが、一九八〇年代には技術も安定し、安全で豊富な食材がそろってくる。その結果、多様で豊かな自給経済が復活するのである。

この段階の提携は、たとえば、木次有機農業研究会の生産者たちと「たべもの」の会(松江市)、出雲すこやか会(出雲市)のような消費者グループが結びつくという形をとる。河川流域で言えば、近隣の中・上流の町村の生産者たちと下流都市の消費者グループとの提携を基本としている。一九七五～八〇年ごろに提携を始めた両者は、互いに生産者を迎えたり訪ねたりして交流（援農などを含む）を頻繁に行い、急速に理解と親密度が深まっていく。

一九八〇年代には、たとえば斐伊川流域の場合、こうしたネットワークを利用して各種の講演会などを共同開催するまでに、交流が密になった。一九八二年から木次有機農業研究会と斐伊川流域下流部の都市消費者グループとの共催で、「農・食・医を考える連続講演会」を木次町、出雲市、松江市で定期的に行っている。「木次に集う会」も一九八四年から五回開催されるなど（五一ページ参照）、ネットワークは強固なものになっていった。

全県的なネットワークづくりへの模索

島根県で有機農業者と消費者の全県的ネットワークづくりが考えられるようになったのは、二〇〇〇年二月の第二八回日本有機農業研究会しまね大会の開催に向けた準備過程においてであった。「新しい流れを島根から」という思いをこめて開催された大会は、県内から八〇〇人もの人びとが松江市の会場に詰めかけるという、予想以上の大成功を収める。そして、一気に全県一本の組織づくりを目指して話し合いが続けられることになった。福原庄史（柿木村有機農業研究会）は、「しまね大会を終えて」という挨拶文で、その経緯を次のように書いている。

「島根県は、出雲の国と石見の国といわれるように東西に非常に長く、統一して活動することが地理的にも難しい条件にあります。今回の島根大会は、これまで地域ごとに個々の活動があったものを、この大会を機に一つの方向を目指して、連携していかなければならないという大きな課題を持って取り組みました。東の木次、中の弥栄、西の柿木、この距離は二〇〇キロ以上もあり、西から東まで時間にして四時間から五時間かかります。……島根県には未だ県下一本の有機農業研究会はありませんが、……これを機会に県内の生産者組織と消費者組織が連携し、『島根県有機農業研究会(仮称)』を発足させて、地球環境や世界の食糧事情、エネルギー問題などについて一緒に考え、私たちのめざす『地域自給』と自立、互助、連帯の輪が広がれば、本当の意味での『新しい流れを島根から』情報発信できるようになると確信しています」

「島根県有機農業研究会(仮称)」発足への動きは、七月二〇日の「しまね有機農業研究会設立総会」まで続いた。しかし、設立総会の準備不足もあり、充分に煮詰められていなかった点の議論がまとまらず、その後全県統一の気運はしぼんでしまった。まだ機が熟していなかったのかもしれない。あるいは、一年以上にわたって続いた無理が限界にきていたのかもしれない。いずれにせよ、このときの民間のみによる全県組織化は不成功に終わった。

一方で島根県はこの二〇〇〇年から、県独自の農産物推奨制度をスタートさせている。「エコロジー農産物」という表現で、脱農薬・脱化学肥料化の方向を目指し、農薬と化学肥料の使用を「五割以上削減」する営農の推進を始めた(第5章参照)。条件に合った生産物については、県作成の推奨マークを貼付できるようになっている。

有機農業推進法の制定と行政との協力関係

二〇〇六年末に制定された有機農業推進法によって、都道府県や市町村などに有機農業推進計画の策定が義務づけられたことは、非常に大きい変化をもたらした。エコロジー農産物にとどまっていた島根県も、有機農業推進法が示すような有機農業に向けた多様な取り組みを始める。有機農業推進計画の作成とその具体的推進は徐々に、二〇〇〇年に盛り上がった気運を再び呼び起こす環境を整備していった。

近年では、島根県が主催したり県から委託を受けた団体による有機農業に関する講演会などには、関心のある生産者や消費者が数多く参加している。農業・農協関係者の有機農業への違和感や異端視も、徐々になくなりつつある。とはいえ、有機農業を具体的に推進する島根県の担当者はまだまだ少ないうえ、数年で交代するため、理想的な展開にまでは至っていない。

これに対して、島根県農業技術センターによる研究は、除草剤を使わない水稲栽培技術を中心に着実に進められてきた。また、島根大学においても有機農業に関心をもつ研究者が少しずつ増えている。二〇一二年からは県立農林大学校に有機農業コースが設けられ、次代を背負う若者が育ちつつある。

こうしたなかで、島根県内の有機農業に関心のある生産者(組織)、消費者(組織)、県の担当課が連携して、県内の有機農業を推進するための個人やグループのネットワークを構築する必要性が、共通認識となってきた。そして、全県的なゆるやかな組織化が進められつつある。かつては生産者グループと消費者グループを中心とする民間のみによって発足しようとしたが、今回は県や市町村を含む活動として広がりつつある。その集大成として二〇一二年末に県から提起されたのが、「しまね有機の郷ネットワーク」[3]である。多様な主体をソフトにネットワークとして一体化させ、有機農業をいっそう推進しようとするものである。全県的なネットワーク構築への動きは、有機農業運動の活性化につながり、今後の大きな成果が期待される。

実際、有機農業に関心をもつ生産者とそのグループは増えつつあり、相互交流や消費者との交流の機会には、確実に参加者が増えてきている。参加する年齢層の幅も広い。一九六〇〜七〇年代に県内各地に芽生えた小さな有機農業の種は、四〇〜五〇年後の現在、各地域で根を張り、全県的ネットワークに向けて着実に育ちつつある。まだまだ課題も多いが、島根県内農業の一角を有機農家が占めつつある。

2　地域自給と林野(山)の活用方向

本章の冒頭で示したように、かつて山村においては多くの農家が、里山や奥山を重要な収入源として、あるいは自給のための資材やエネルギーの調達の場として、利活用していた。それは、水田や畑を含めた経営全体のなかでの有機的・連鎖的な結合システムとして行われていた。この総合的システムをそのまま現在に再現しようとすることは、現実的ではないかもしれない。しかし、その基本的な考え方は、地域資源を総合的に活かして無駄なく循環利用し、地域自給、環境・景観保全に貢献するという意味で、現在も重要である。

それは、有機農家に多い小規模有畜複合経営にとって、生産と生活（暮らし）の基盤の強化につながる方向でもある。放置されている林野を対象にした、かつての結合システムや多様な経営内自給の見直しは、これからの農家経営の安定と自立に欠かせない。

林野利用の経験のない多くの有機農家にとっては、身近で比較的利用しやすい里山から始めることが現実的であろう。里山利用については、参考になる事例が全国的に見られる[4]。それらを参考にして、自らの有機農業の実態と地域の条件にあった独自の工夫が必要である。

木次乳業は、地域資源の総合的利用のひとつとして、伐り透かした旧薪炭林などを放牧に利用している（山地酪農）。これは里山利用の一事例である。林間の野草や傾斜地の野芝など多様な草を食べ、乳牛は健康でのびのびと育つ。山地酪農によって、山村の放置森林が貴重な草地資源の供給地として利用されるだけでなく、放牧は牛の健康によく、乳質もたいへんよくなることが実証されている[5]（二六〇ページ参照）。

また、小山源吾は、活用すべき山村の地域資源の代表として、草の利用を提起している。

「わが国の農家一戸あたりの農地は約一haあまりで欧米に比べると著しく小さいが、日本における土地生産性は欧米の三倍強（牧草の場合）であり、（中略）日本の山の一割を放牧地として利用すると日本での牛乳及び乳製品の需要量を賄う事が出来ることが証明されている。さらに水田や畑、休耕地や裏作などにおける草の生産量と地中深く張っていく根の有機質は莫大なものになるであろう。草は飼料価値のみならず、（中略）農業の根本である『土づくり』を行う上で欠くべからざる貴重な資源である。／我々はこのような現状認識に立って、日本の気候風土を最大限に生かした農業をめざす時、最も身近にあり、永続的に供給を可能にする草の利用を片時も忘れてはならない(6)」

日本の畜産において、濃厚飼料の九〇％（二〇〇七年度）は輸入に頼っており、その多くは遺伝子組み換え作物だという。日本の消費者が期待する有機畜産を可能とするためには、日本の山野草を有効に利用する以外にない。

3　経済成長から地域自給・自立へ

地震国である日本は、二〇一一年の東日本大震災に匹敵する大地震や大津波を繰り返し経験してきた。これらを人力で止めることはできない。いかにうまく対応するか（やり過ごすか）を考えるしかない。

しかし、原発事故については意味がまったく異なる。原発は私たち人間が造りだしたものだからである。東京電力福島第一原子力発電所の事故は、かつて経験したことのない苛酷な被害をもたらした。しかも、いまだに収束の目途すら立っていない。これは自然災害ではない。避けようと思えば避けることができた、人為による災害である。

いま必要なのは、将来（世代）への想像力であり、福島の現実を直視する勇気である。自分の世代だけを考えるのではなく、子や孫たちの生きる（生きなければならない）時代を含めた持続可能な社会を見通さなければならない。たまり続ける廃棄物処理問題をとっても、原発には展望がなく、人類と共存し得ないことは明らかであろう。現実を見ずに、さらなる経済成長（ＧＤＰの増大）に向かうのではなく、脱原発と脱成長への方向転換が必要であることも明らかであろう。

福島の有機農家は、可能なところから再び耕作を始めているという。日本の再生は、福島を抜きには考えられないし、考えてはいけない。福島を日本から切り離し、問題を見ないことにするのではなく、福島の現実を自分の問題として考え、全国民が支え続けることが重要である。被災の収束と十分な原因究明が、次を考える出発点であろう。

脱原発についても、生産者と消費者の提携運動と同様に、自立した人びとの力の結集が必要である。食とエネルギーの自給を都市住民と農村住民とが相互協力によって実現し、原発のない自然と共生する社会を目指していかなければならない。

その基礎は、各地域における、身のまわりでの自給の実現であり、持続可能な地域づくりである。その究極の形は、各地域の自給・自立をめざす有機農業以外にない。先進国がかつて進めたような地球全体に負担を押しつける方法は、不適切であるばかりでなく、持続可能でもない。それぞれの国、地域で、環境容量の範囲のなかでの暮らしを考えることが基本となるであろう。

そのように考えるとき、島根県において長年かけて成熟してきた、地域資源を活かした持続的な農業の実践(自給農業や有機農業、自然農法など)と地域自給は、これからの社会のあり方を考えるうえで、重要な意味をもち、貴重な示唆を与えてくれる。七〇億分の一の暮らしを目指す方向の延長線上に、持続可能な将来の社会がある。それは多くの有機農業者にとって、目指すべき具体的存在として位置づけられる。

利益よりも生きがいを目指して集まった人たちが創り出してきた「食の杜」のような世界(7)。そこには、安全・安心で、柔らかな自然に囲まれた、ホッと心安らぐ別天地だと感じる人びとが集まってくる。改めて地域自給、身土不二、地産地消を考えるとき、有機農業による小さな農業実践の普遍的意義は大きい。地域自給とそのネットワークとは、そのような目標と現実につながる考え方ではないだろうか。

いま私たちに必要なものは、地域自給・自立の広域的な広がりであり、その全国化であり、世界化である。私たちは、その手がかりのひとつが、島根県内の各地で長年にわたって地道に育まれてきた有機農業運動のなかにあると確信している。

(1) 永田恵十郎『地域資源の国民的利用』農山漁村文化協会、一九八八年、一三七〜一三八ページ。
(2) 稲作についてみれば、一九五〇年は一・二七であったが、七四年には〇・三八となっている。これは、この間、稲作技術が進歩して単位あたり収量が増大したといわれているにもかかわらず、エネルギー収支でみれば、一単位のエネルギーを使って一・二七単位のエネルギーに当たる米が生産されていたものが、〇・三八単位分の米しか生産されなくなったことを示すものである。この差は、大量に輸入される石油の消費によって埋められた(宇田川武俊「農業生産とエネルギー」『世界』一九七七年四月号)。

(3) 県内では様々な個人や組織が有機農業に取り組んでいるが、それらは県内に点在していることから地域的な広がりや県内の消費者とのつながりはまだ薄いままである。そこで、県と民間団体等が協同して有機農業に関わる人と人との結びつきを深め、県内有機生産物の生産から消費までの拡大や生産者と流通関係者、消費者間の情報共有につなげるため「しまね有機の郷ネットワーク」を設立する。活動内容は、シンポジウム等の開催、会員間の情報共有活動、その他有機農業の普及に必要な取組。事務局は島根県農林水産部農畜産振興課内に置く(「しまね有機の郷ネットワーク申し合わせ」より)。

(4) 基本的には、かつての里山で行われていた多様な利用はすべて現在も考えられる。たとえば、旧薪炭林中心の里山の場合、掻いた落ち葉は良質の肥料として利用できるし、木材も薪や椎茸の原木として利用できる。人工林中心の里山の場合、必要に応じて除間伐した木材は、各種農業用資材や燃材として利用可能である。どの場合も、自家利用であれば太さも長さも自由であり、チェンソー程度が使えれば誰でも伐採利用できる。慣れてくれば、販売規格に合わせて伐採し、販売することも可能となる。近年、山間部の家庭での薪ストーブ利用が少しずつ増え、その燃材としての薪の販売量が二〇〇八年以降増加傾向にある(『平成二四年度森林・林業白書』)。薪ストーブ利用家庭へ薪を安定的に供給する「薪の宅配サービス」を行う会社も出てきているという。薪ストーブの灰は、農業生産にとって必要な資材である。

（5）たとえば、共役リノール酸について、「放牧期は、舎飼期に比べて、乳脂肪における脂肪酸組成のＣＬＡ（共役リノール酸：筆者注）割合は、有意（$p<0.01$）に高くなった」（河原貴裕ら「共役リノール酸を強化した生乳の生産技術の開発について」『岡山県総合畜産センター研究報告』一七号、二〇〇七年、五～一二ページ）、「近年の研究から、放牧飼養の畜産物はビタミン、脂肪酸組成、香り成分が舎飼い飼養のものと異なることが明らかになっている。抗酸化作用や抗ガン作用のある機能性成分として注目される共役リノール酸（ＣＬＡ）が放牧で増加することが認められている」（山本嘉人・栂村恭子「放牧牛乳のプレミアム化」（独）農研機構　畜産草地研究所、二〇一〇年）という。

（6）小山源吾『共に生きるための農業』自然食通信社、一九九三年、八〇ページ。

（7）「『食の杜』は地域固有の環境条件を勘案しながら、それに合わせた（いわば身土不二という環境順化による）小規模多品種有畜農業複合経営（いわゆる昔ながらの百姓がしていた自給自足の暮らし）をするゆるやかな共同体であり、地域自給圏であり、理想郷なのである」（平塚伸治「ゆるやかな地域自給圏ネットワーク構想『食の杜』（島根県雲南市）」佐藤友美子・土井勉・平塚伸二『つながりのコミュニティ――人と地域が「生きる」かたち』岩波書店、二〇一一年、一四ページ）。

〈資料〉自給的農業としての有機農業――日本有機農業学会二〇一一年度 公開フォーラムin雲南

1　消費者とのつながりをどう深めるか

佐藤　木次乳業相談役の佐藤忠吉です。私、一九二〇年生まれ、少々ぼけも入っており、出雲弁でわかったやな、わからんやなことを申し上げますが、よろしくお願い申し上げます。

私たちがやってまいりました、この地域の有機農業的な運動のおおもとは、奥出雲の偉大なる教育者であった加藤歓一郎です。彼は無教会派のクリスチャンで、戦後できた日登中学校の初代校長でした。そして、その影響を受けた農業者たち、田中豊繁（酪農・元木次町長）、大坂貞利（酪農）、田中利男（養鶏）、宇田川光好（養鶏）らの行為でございます。そういう人たちの思想や哲学を受け継いで、やってきました。

具体的には、大坂貞利が一九六一年、牛の硝酸塩中毒に気がついて化学肥料を拒否する。続いて一九六四年、電磁波の問題を提起して、妊婦にカラーテレビを見せない運動をやった。こういう感性の強い男が周囲におったのです。私は一九五五年ごろから、田中豊繁と一緒に、農民は素材の生産（をするのみ）で農村が都市の植民地化し、生産者は消費者の奴隷にすぎない、生産者は自分らの足で立とうと考えて、当時まだ珍しかった酪農に取り組み、町の牛乳屋と一緒に牛乳の製造・販売を始めました。それが木次牛乳（木次乳業の前身）です。以来、人に嫌われることを、人に笑われることをやってきただけのことでございます。

宇田川　木次の隣の仁多郡奥出雲町で平飼い養鶏を中心に農業をやっております、宇田川光好でございます。木次有機農業研究会の会員として、三十数年間やらせていただきました。

酪農は大坂さんがやられまして、「養鶏はおまえがやってみんか」ということで、平飼い養鶏をやりました。けれども、敷きワラの問題などでみごとに失敗しまして、一時ストップします。その翌年、松江に「たべもの」の会ができ、再生産可能な価格が話し合いの中で決まり、再度大坂さんに励まされて元気が出ましたし、敷きワラの問題も解決できました。それ以来、ずっと平飼い養鶏を続けさせていただいております。

消費者の皆さんと連携(提携)して、今日までずっとやってきました。「たべもの」の会に始まり、神戸の鈴蘭台食品公害セミナーはじめ数え切れないほどの消費者グループとの提携が木次乳業さんの牛乳と一緒に生まれ、順調に維持してこれました。当時、この中山間地域で自立経営農家としてどうすれば残れるかが非常に大きな課題でしたけれども、おかげさんで残ることができました。このことは皆さんにご報告しておかなければなりません。

同時に、順調にいかなかったのは有機米についてです。あまり積極的に販売がなされなくて、自分で販路を開拓しないといけないような状況が続き、細々とやってきました。ドロオイムシの大発生があり、水田でバラバラ落としても、二～三日するとまた上がってくる。そういうこともありました。ここ二～三年は地元に特産市ができるようになって、そこに出させてもらうようになりました。それから口コミもあり、いまはかなりの量のお米も出しております。

最近思うのはインターネットでの販売です。まだやっておりませんけれども、志しております。生産履歴とかいろいろなことがたくさん書けるので、連携という意味でそういう道もあるんかなという気がしております。このところ消費者グループプが高齢化しまして、組織が伸び悩んでいるというか、停滞という状況です。そこで、新しい方向を探しながら産直を考えていかなければいけないというのが、個人的な思いでございます。もうひとつは、われわれの友(生産者仲間)をどうつくっていくか。二〇一〇年に「奥出雲町環境にやさしいネットワーク」を立ち上げ、ぼちぼちやっているところです。

桝潟　淑徳大学の桝潟俊子です。佐藤さんが人に嫌がられることをやってきたとおっしゃられたのですが、人が嫌がることをあえて引き受けてやってこられたのではないかなという気がします。人に嫌がられることであっても続けられて、宇田川さんの場合は平飼い養鶏の農家として自立してこられた。木次乳業は、この有機の地の酪農家の集乳を一手に引き受けて、事業化してこられた。その背景にあるのは、消費者とのつながりをとおして農のあり方を継続して模索されてきたということです。

また、この地の農のあり方は、農水省が進めてきた専業化という道ではなく(小規模)複合有畜経営であったり、いまの言葉で言えば半農半Xであったりとか半農半蔵人とかであったんですよね。食の杜のレストランで使っている食器は、出西窯。あれは農民窯なんですよ。陶器の窯業も農家の副業としてあった。もっと大きかったのは、林業との関係で炭焼きや植林です。いまでいうと、介護・福祉・医療などの分野もあってもいい。こうした生業の組み立て方は、中山間地域で生きていく場合の核心的部分だと思います。

そして、都市の消費者とどうつながるか。日本の有機農業の場合、安全性志向が強かった。安全はとても重要なことであるけれども、そこから環境とか地域とか農家の暮らしとか農業のあり方にまで、なかなか視野が広がらなかった。今回の原発事故が起きて、有機農家が作るものが汚染されてしまったとき、それはもう安全ではないという理由で、提携関係が崩れています。そのことを考えると、いかに消費者とつながっていくかが重要な課題です。

佐藤 ちょっと言い足らないところがございました。大坂君や田中豊繁氏の考え方は、まず、いまここでどうするか、経済を抜きに人としてどう生きるかが先行しておりました。それでいち早く一九五〇年代に有機農業的なことを始めて、人のためでなくて、自分たちがどう生きるかを考えたのです。ところが、一九七四年に有吉佐和子の『複合汚染』が連載されたとたんに、消費者が目を覚ましました。さて、周囲を見渡したら、やっておるところはない。一方、木次に十何年も前からおかしなことをやっとる連中がおるということで、松江や出雲のちょっと先端を走るような青年たちが集まってきたという経過でした。

三島 島根県会議員の三島治と申します。桝潟先生から消費者とどうつながるのかという話がありました。これ一番大きな課題だと思います。可能であれば、フードマイレージをかけない形で、なるべく地域の中で安全な食がまわる形ができたらいいと思うんですが、どう進めていったらいいのか。福原さんのところにそんなヒントがありそうな気がするんですが。

福原 柿木村の福原圧史です。フードマイレージをかけないっていうのは、要するに自給です。地域でお金が回るようにする。たとえば、一般の店で一〇〇円で売られている場合、生産者の手取りはだいたい三〇円です。でも、地域の店で消費されれば、ほぼ一〇〇円が地域内に落ちるわけですから、それが一番大事だと思うんですね。

そのとき、たとえば学校給食を例にとると、栄養士さんは頭で考えるから理解されやすいんですが、問題は現場の調理員さんです。(地場産の野菜を入れたり米飯給食にすると)過重労働とか言われます。実は、過重のほうが子どものためになるというような頭の転換が、どうしたらできるか。そこを(突破するためには)栄養士さんと調理員さんとの話し合いを続けなければならない。そうするなかで、もし農家が忘れていたら自分が畑に出て取ってきたり、たまたま人参が農家になかったら自分の畑の人参を持ってきたりというところまで変われば、ただの公務員とか労働者的な発想だけじゃなくて、本当に子どもの将来や地域の環境を考えて動くようになります。

ところが、そうなるような学校教育も社会教育もされていません。米飯にすることによって労働が過重になれば、(新規に)雇用を要求すればいい。そういう前向きの要求をしないと、食は地に落ちてしまう。

考えてみれば、日本の農村も自分で作ることを放棄しているわけですね。お金で奴隷のように作らされて、他人が作ったものをお金で買わされています。消費者の意識が変わることによって生産者も変わるかもしれない。いずれにせよ、生産者と消費者がもっと膝をつき合わせて、地域で正直な話し合いをしないといけないと思います。

桝潟　柿木では、食材がちょっと足らなければ畑から引っこ抜いてきて間に合わすといったような関係性ができるなかで学校給食も有機農業も進んでいるということですよね。そういう関係性のある地域をどう創っていくかが非常に重要です。最近、欧米の国々ではＣＳＡのように、地域で支える農業という考え方がグローバリゼーションのもとで生まれてきています。柿木村のような地域の関係を創っていこうという意識があれば、自然とそれが実現されるのでしょう。相川さん、補足していただけますか。

相川　島根県中山間地域研究センターの相川陽一です。近距離で売りたいという相談を若い農家グループと行って、山村と地方都市をつなぐ試みを始めています。たとえば、高齢の買い物困難者が多く住む近くの公営団地の自治会と連携した定期市を開催しています。しかし、有機野菜だから買うという人は、なかなかいないのが現状です。弥栄に一番近い市街地にあたる浜田市まで行って売る際には、直販や提携の形で農家を応援してくださるカウンターパートをどう見つけるか、いま模索中です。弥栄支所でも同じ課題をかかえておられるので、一緒に考えさせてもらっています。

桝潟 弥栄支所でも、つながりをバックアップしてきたわけですね。

岡橋 浜田市弥栄支所産業課の岡橋正人と申します。うちのような雪深いところでは、ハウスがないと露地野菜だけで自立就農は誘導できません。三〇〇〇～四〇〇〇万円は施設費がかかる。それから確実な販路も必要です。そうでなければ、弥栄へ来てくださいとは言えないと考えてきました。そんなときに相川さんが来られて、地元学の手法で、弥栄の豊かな部分を洗い出していただき、いろんな生業《なりわい》がみえてきました。

また、農業研修生制度も一新して、半農半Xの考えを取り入れました。Xは何かというと福祉産業ですね。ご夫婦で来ていただき、本人は農業＋α、役所のアルバイトなどやっていただき、奥さんは福祉中心にやっていただく。農業のあり方として専業志向に陥っていたところに生業という視点を入れて、自給的なことができんかというところから出発しています。そのうえで、これをもっと地域に広げていこうとするときに、消費者とのつながりが現在の課題です。

2　農＋林＋αで「足るを知って」生きる

古沢 國學院大学の古沢広祐です。農的な暮らしや自給の豊かさの見直しと同時に、農産加工とか農商工連携とか六次産業化といった横の広がりですね。佐藤さんが木次乳業でやられてきたような、農的なもの＋αの展開の仕方についてうかがいたいと思います。

桝潟 食の杜は桑畑の後、耕作放棄地だったんですよね。農協も手に余っている土地だったと聞いていますが、そういうところをどうしていったのか。

佐藤 田中利男は自分の土地を農協に提供しとったが、稚蚕桑園が荒れて残念だと考えていた。

そこで「別はあっても差のない」社会、いわゆる介護する・されるという上下関係でない社会をつくろうと、私に相談を持ちかけました。これが食の杜にある室山農園のきっかけです。

　すると、井口先生はじめさまざまな人たちから、八五〇〇万円の資金カンパがありました。それを受けて当時の田中豊繁町長が「そういうことなら」と、二町歩（二ha）を七町歩に広げて食の杜を造成したのです。室山農園のテーマは「賢愚和楽」、すなわち馬鹿も賢者も一緒に楽しむ。世の中でよく自然と共生と言いますけれども、仏教の命題「依正不二《えしょうふに》※」の思想からすると、とんでもないこと。人間のおごりですね。そうじゃなくして、自然に従った農業をやる。「物心自立」すなわち経済的にも精神的にも自立する。そういう場をつくろうとしてきたわけであります。

※「正」とは生命それ自体。つまり自分自身。「依」とは生命である自分を取り巻く自然や環境。「依」と「正」は別々のように見えて実際は「不二」。つまり、そもそも両者は切り離すことができない存在だということ。

　それで、有機農業のそもそも論、われわれが考えている有機農業は、いわゆる仏教の神髄である「足るを知る」農業をめざすということです。明治初期の日本ならびに日本人の姿に立ち返ろうというので、「物心自立」で一生懸命やっています。山地酪農で放牧した乳牛は、機能性蛋白がときによると三倍、ビタミンEは確実に五割増から倍になる。CLA（共役リノール酸）は驚くなかれ一〇倍くらいになることがあります。それほど同じ農産物でも作り方によって差が出ます。

　そういうものを人に食べさせるんじゃなく、まず自分たちが食べる。そこからスタートすれば、ごまかしがないわけですね。そこに消費者が入ると、どうしても媚びてくる。それをやめようというのが、木次のこれまでの取り組みなんです。だから、人が欲しがっても、規模を大きくしない。

自分の背丈に合わせた程度の生産にとどめる。これが「足るを知る」の真髄でございます。

井口　元島根大学の井口隆史です。いまの話の流れと必ずしも一緒になるかどうかわかりませんが、結局日本は山国なんですよ。全体でも七〇％近い山があります。現在はそれをほとんど利用していない。山の利用が非常に単純化してきたのが日本の戦後であり、高度経済成長期以降です。

しかし、もともと山はさまざまに利用されてきました。中国山地はその典型です。だから、農＋林＋αという発想が大切で、そこは食の杜でもまだ足りません。ヨーロッパでは、エネルギー源としての森林バイオマスが重要な役割を果たしています。もっともっと山の幸をいろんな形で利用する。草も木次乳業の場合は利用しとられますけど、それは例外で、ほとんど利用されていません。

佐藤　私はあるところで、林畜複合経営を提案しました。(間隔を開けて、クリやトチなどの木を)並木植えにして、その間を牛に管理させる。私の四十数戸の集落で、三〇町歩の予定で山地畜産を始めております。酪農ではなしに畜産。それは景観ともかかわってきます。いま道路から山を見ると、薮になってますね。欧州へ行くとだいたい透けて見えるんです。そうなるためには牛の手を借りるしかないというのが私の取り組みで、現在二〇〇町歩ほど実行しています。雲南市は、バイオマスと一〇〇町歩の山地酪農を施策として考えておられる。

宇田川　以前は土地が財産だったし、地域の付き合いが(深く)あり、山を荒らしておくことができなかった。そういう社会だったから、かろうじて山の手入れが維持されていた。だから、そういうスタイルを半Xでやるときには、有機農業のあり方を理解して、地域の者が一生懸命サポートしないとうまくいかない。みんなでやろうという気分が大切です。技術にしても助け合いにしても、友達と一緒に頑張ってやろうということがなく、バラバラだったら、うまくいかんかなと思っております。

三瓶　今日はすごく参考になるお話をたくさんうかがえて、ありがとうございます。三瓶《さんべ》裕美と申します。東京で生まれ育って、今年の八月に主人とIターンで島根に参りました。雲南市地域おこし協力隊で期限付きのお仕事をいただき、定住していけるようにやっているところです。

私たちは有機農業をやりたいと思っているんだけれども、地域の方からすると面倒くさいというイメージとか、農業自体をやりたくないけど先祖代々の土地だからやらないといけないという感覚であったりということをよくうかがいます。私のように外から来た人間が地域自給に取り組もうとするとき、アドバイスがあればうかがいたいなと思ったんでが、いかがでしょうか。

佐藤　よう来るんですよ、都会から。私のしゃべったことがいろんなところに出ると、そこで理想郷、パラダイスだと見て、来るんですよ。ところが、現実との落差で失望して、また次のところへ行く。次のところへ行くと、また同じことになる。現実というものは厳しいから、理想を追わない（ほうがいい）。

人間そもそも死ぬまで不完全なものです。これを根底において、不完全なものがする仕事をどこで抑えるか。それが仏教の一般命題である「足るを知る」。欲望をどこで抑えるか。そうだけん、完全な有機農業でなくてもいいから、最初はできるところからまず自分でやってみる。都会の人は虚業だから、都会へ出す農産物には農薬たっぷりかけて早くあの世へ行ってもらわんと（笑）……。人間がいま七〇億人。これを三〇億人くらいに減らさんといけません。それくらいな、思い切った発想をするということです。

長谷川　東北農業研究センターの長谷川浩です。今日は素晴らしいお話をありがとうございました。今回の原発事故の放射能汚染に対して反省したうえで——要するに、エネルギーを湯水のように使ってきた反省をしたうえで――なるべく放射能汚染の少ないものを求めるならまだしも、それをまったく抜きで、うちには子どもがいるから〇ベクレルのものを、西のものを、もっと言えば地球の裏側で生産されたものを求めるというような、無節操・無反省な人びとに、私は辟易としています。

やはり、都市の側が大きく変わらなければいけない。先ほど発言されたような方がどんどん増えて、首都圏に暮らす四〇〇〇万人の人たちが、一人でも多くこの島根県のような自然の豊かなところに移り住んで、根を張って生きていく。そういうことが一番抜本的に必要じゃないかと思いました。

靏 吉備国際大学の靏《つる》理恵子と申します。皆さんのお話を興味深くうかがい、ありがとうございました。農民、行政、あるいは多様な主体の人たちが、どんな形で自分たちが目指す方向を明確にして合意形成していくかが求められているだろうと思いながら、福原さんの話を聞いていました。吉賀町では、山間地農業のあり方をどういう場で議論し、指導し、確認しているのかを教えてください。

福原 Ｉターンの方を中心に、研修や視察を行ってきました。理論的な学習もします。二〇一一年は、自然農法の指導員さんにお願いして、苗づくり、土づくりなどの有機農業塾を毎月、行いました。第三セクターが運営するアンテナショップがあるので、集荷・配送・販売も経験します。具体的にやる必要がある。研修は四月から始まり、一〇月ごろには自分で土地を借りてたとえば玉ねぎを植え付けたりします。第三セクターは行政でやってますから、化学肥料や農薬を使わないという基本をクリアできれば、一袋からでも出荷できます。そうした積み重ねが月に三万円とか四万円になります。当然ですが、Ｉターンの方を受け入れるだけでなく、どう換金できるようにするかが大事です。

柿木村の場合は、三十数年前に初めて消費者と提携したとき、生産者自らが二人ずつ交代で——若い人とおばちゃんとセットで——、消費地を回りました。そうして、街の新しい情報をもらってくる。消費者のおかげで意識改革ができたというのが、非常に大きいと思います。

農商工連携について言えば、「商」というのは商品化を目指しています。島根県で言えば、しまねブランド推進課というのがあり、そっちのタイプです。ここは、なかなか有機農業と合いません。ですから、商工会との連携が難しいんです。有機農産物の梅漬けとか味噌とか餅とかっていうのは、形が悪い、もっと機械を入れて丸いきれいな形にしなさいと言われ、資金もかかります。それでも、生産者自らが流通に携わり、消費者と交流することによって、意識が変わり、物とお金が動き、循環が生まれることが大事です。そういう新しい有機的な農的な提案を、町の中でも町外に対しても、続けてきました。

3　一体のものとしての自然・社会・農業

桝潟　話をうかがっていると、中山間地域での自給的な農業は有機農業であり、そこで行われている技術も、有機農業的だと思います。有機農業とは何かを改めてはっきりさせていきながら、どう追求していくかを論議していく必要がある。中山間地域の農業がどう生き残るかに関連させつつ、中島さんからまとめていただけますか。

中島　茨城大学の中島紀一です。有機農業推進法ができて、有機農業を国や自治体が責務として推進するということになって、たいへんよかったなと思いました。よかったことは確かなんですけども、今回の原発事故を経験してみて、これで少し広がったかなと思った有機農業の基盤がこれほどあやふやだったのかということがあります。

ここ一〇年くらいで言うと、インターネットによる有機農産物の販売がかなり伸びた分野でしょう。組織をもっていなくても、自分でホームページ管理ができ、販売品を整理できる人は、相当に伸びてきた。ところが、その部分はほぼ壊滅しました。茨城県でいうと、五町歩くらい合鴨農法をやっておられる方が、去年(二〇一〇年)までは稲刈りが始まる前に予約販売が終わっていたのに、今年(二〇一一年)は稲刈りが終わった時点で数%だと言います。消費者にメールを送っても返事がない。都合のいいときは買っていたけれど、ちょっとでも都合がずれると、その関係は非常にあやふやだった。それで、もう一度あやふやじゃなくしたいと思っても、きちんと話すコミュニケーションのルールがそこにないんですね。

そういうなかで、自分はいろいろな事情であなたが作った野菜を食べるつもりにはならないけれど、あなたの暮らしを支えるためにお金をカンパしたいと言って、お金が送られてきたり、送り返す野菜と一緒にお金が送られてくるケースもあったりする。関東で放射能の被曝をある程度受けた有機農業のグループでいうと、相当深刻であると思われます。この深刻さはちゃんと受けとめたほうがいいだろう。

多少の放射能が含まれていても農業を守るために食べよう、そのことによって地域の農業を守っていくというのが、この日本の社会で生きている私たちの責任ではないかという話は、受け入れられない人がたくさんいると思います。でも、受け入れられなくても、それを主張しながら、そこから対話を始める。言うべきことをきちんと言いながら、その原点から話をしていくことが大事だなあということは感じますね。

佐藤さんは、無教会派の方々の考え方が原点だったとおっしゃった。これは地元からすれば、正しいけれども相当に異端の考えです。決して普及しやすい考え方ではなかったかもしれないけれども、みんなでそのことを考えながら現実的な試行錯誤を積み重ねてここまできた。そして、完全な理想はなくて、次なるものこそ理想なんだという強さを持ちながらやってこられた。商品開発にしても、売りやすい商品を作ったということではなく、大事な商品をきちんと作り、それを広げるために、みんなも受け入れやすい具体的な形を考えたということでしょう。

そう考えると、農業に関する一般の理論が相当間違っているということだと思うんですよ。相川さんがおっしゃったように、分散や自給がこの地域の農の原理であるということは誰が見たってわかる。でも、それをたとえば農業経済学会で話せば笑われるような状況もある。やっぱり一般の理論がおかしいんですよ。そこのところの理論を正していくということも、今日のお話であったんだろうと思います。

有機農業の幅は本当に広いと思いました。われわれはその幅を狭く規定しなくてよかった。もしJASの基準に合うものだけを有機農業だと考えたとすれば、ここで相川さんの主張は有機農業とは合わないということになってしまいます。しかし、そういう枠組みで考えてこなかったから、相川さんの問題提起はとっても勉強になる。

自然と農業が一体であり、社会と農業が一体である。それを支えるのが暮らしなんだ。そこを地域の中で考えていこう。それこそが、脱原発の社会を具体的に創っていく道だと思います。

あとがき

「改めて地域自給を考える――島根県の事例」をテーマに、島根県雲南市で二〇一一年一〇月に開催された「日本有機農業学会公開フォーラムin雲南」での報告をベースに、本書はできあがりました。ただし、それぞれの報告は大幅に加筆しています(とくに序章〜第2章)。

フォーラムを開催するにあたり、実行委員会では、これを機に島根県の有機農業のゆるやかなネットワークをつくりたいと考えました。一〇回近く開催した実行委員会の約半分では、「談話会」と称し、それぞれの知人に声をかけて、お茶を飲みながら、近況を報告し合う時間を設けました。意識したわけではありませんが、声をかけた知人の多くは女性です。地域自給をテーマにしたこのフォーラムでは、狭い意味での「食べものの生産」だけではなく、自給的な暮らし全体をイメージしていたため、自然と女性が多く集まったのでしょう。ここでは、この談話会に集まった四人の素敵な女性を紹介します。

出雲市斐川《ひかわ》町で自給用の田畑+αを耕作する坂本美由紀さん(松江・出雲掃除に学ぶ会)。ちょうど公開フォーラムと前後して、映画『降りてゆく生き方』の上映会を成功させました。続いて、この映画に出てきた『奇跡のリンゴ』で有名な青森県の木村秋則さんの農業のやり方に賛同すると、すぐに彼の講演会(鳥取県倉吉市)に出かけます。そして勉強を重ね、二〇一二年には友だちと一緒に雲南市掛合町《かけや》に田んぼを借り、習い立ての農法で稲を作りました。この華麗な行動力とフットワークは、男性にはまねできません。

公開フォーラム直前の夏に東京からIターンした三瓶裕美さん（総務省地域おこし協力隊員、二六四ページ参照）は、雲南市の山中の古民家を借りて自給的な生活に取り組んでいます。東京で培った人脈やノウハウ、さらに食の杜にある室山農園の萱葺きの家などを使って、音楽会やビデオ上映会（『マヤ——天の心、地の心』など）をどんどん企画・実行してきました。二〇一三年春には、友人の農民たちと一緒に「農民バンド（仮）」を結成。農にかかわるイベント（安来市伯太《はくた》町での「森のあそび場 音・食・ふれあいin上の台 緑の村」や津和野町での「全国菜の花サミット」など）で、太鼓を叩きました。三瓶さんに声をかけられると男女問わず賛同し、協力して動いてしまいます。島根の「若き魔女」と言ってもよいでしょう。

平日は、松江市に古くからある団地内で小さなお店（よろず屋）を切り盛りする森則子さん（田舎の森の休暇小屋）。休日は、消費者と生産者をつなぐイベントのお手伝い役として、農家がちょっと不得意な企画や人集めに大奮闘。当初の「田植え＋草取り＋稲刈り＋収穫祭」の流れに、「せっかくの地元の宝・ホタルをみんなで鑑賞しよう」とホタル狩りを組み入れたり、田んぼのまわりの竹を使って、ホタル狩りの道標として竹灯籠を参加者と一緒に作ってみたり、田舎料理を味わう時間を作業後に組み入れたり。女性らしい細やかな気配りが光る、自然と人、人と人をつなげるスペシャリストです。

江津市桜江町が実家の國井加代子さん（樹冠ネットワーク）。敷地内にある築一五〇年ほどの蔵を、昔ながら材料(土・木・竹など)を使い、ワークショップ形式でたくさんの方々の協力を得て、三年間かけて再生させました。そして、この蔵で、「かまどで、ご飯を炊こう!」を最終ゴールに、毎月一回全六回のイベントを企画します。まず、蔵の再生で使用した土の残りでかまどを作り、ご飯を盛るしゃもじを竹で作り、さらに、お茶碗とお茶碗を入れる籠を竹で作り、その籠を強くするために塗る柿渋も作るというフルコースです。男性による一般的な発想は「田植え+稲刈り+収穫祭」です。これに対して、食べるための道具作りからアイデアを繰り出すところが、女性ならではの柔軟な発想と言えるでしょう。

農業を英語で書くと「agri + culture」。彼女たちのエネルギーの源は、まさに「農は文化」という視点と生き方にあるような気がします。共通するのは、暮らし全体を見通しながら、地域にある資源の有効な活用や自給を、多くの知人・友人のネットワークを使って一緒に楽しむところでしょうか。これぞ、「地域自給のネットワーク」!

終章で紹介されているように、島根県では二〇一二年一二月から「しまね有機の郷ネットワーク」が動きだしました。行政が橋渡し役のこの試みに、四人の女性の取り組みに象徴される地域の暮らしに根づいたネットワークがうまくミックスして、豊かに醸成していくことを、心から願っています。

二〇一三年六月

山岸　主門

〈著者紹介〉

井口隆史（いぐち・たかし）

1943年生まれ。島根大学名誉教授、「たべもの」の会代表。主著＝『中山間地域経営論』（共著、御茶の水書房、1995年）、『国際化時代と「地域農・林業」の再構築』（編著、J-FIC、2009年）。

桝潟俊子（ますがた・としこ）

1947年生まれ。淑徳大学コミュニティ政策学部教授。主著＝『企業社会と余暇——働き方の社会学』（学陽書房、1995年）、『有機農業運動と〈提携〉のネットワーク』（新曜社、2008年）。

相川陽一（あいかわ・よういち）

1977年生まれ。長野大学環境ツーリズム学部助教。主著＝『北総地域の水辺と台地』（共著、雄山閣、2011年）、主論文＝「中山間地域での新規就農における市町村施策の意義と課題——島根県浜田市弥栄町の事例」『近畿中国四国農研農業経営研究』第23号、2012年。

谷口憲治（たにぐち・けんじ）

1947年生まれ。就実大学特任教授・島根大学名誉教授。主著＝『シイタケの経済学』（農林統計協会、1989年）、『中山間地域農村経営論』（農林統計出版、2009年）。

福原圧史（ふくはら・あつし）

1949年生まれ。ＮＰＯ法人ゆうきびと代表。主論文＝「島根県吉賀町有機農業のとりくみ」（『農業と経済』2009年3月号）、「地域社会に根ざす有機農業——島根県柿木村の40年」（『土と健康』2011年、1・2月合併号）。

井上憲一（いのうえ・のりかず）

1971年生まれ。島根大学生物資源科学部准教授。主著＝『イノベーションと農業経営の発展』（共著、農林統計協会、2011年）、『中山間地域農村発展論』（共著、農林統計出版、2012年）。

塩冶隆彦（えんな・たかひこ）

1961年生まれ。島根県農林水産部農畜産振興課有機農業グループリーダー。

山岸主門（やまぎし・かずと）

1967年生まれ。島根大学生物資源科学部准教授。主著＝『園芸作における保全耕うん、管理生態系の維持』（共著、農林統計協会、1999年）。主論文＝「カバークロップと景観形成」『農作業研究』40巻1号、2005年。

〈有機農業選書5〉

地域自給のネットワーク

二〇一三年八月一日　初版発行

編著者　井口隆史・桝潟俊子

編集協力　日本有機農業学会
発行者　大江正章
発行所　コモンズ
東京都新宿区下落合一―五―一〇―一〇〇二
TEL〇三（五三八六）六九七二
FAX〇三（五三八六）六九四五
振替　〇〇一一〇―五―四〇〇一二〇
info@commonsonline.co.jp
http://www.commonsonline.co.jp/

印刷・東京創文社／製本・東京美術紙工
乱丁・落丁はお取り替えいたします。
ISBN 978-4-86187-106-1 C 0036

有機農業選書刊行の言葉

二一世紀をどのような時代としていくのか。社会は大きな変革の道を模索し始めたように思われます。向かうべき方向は、農業と農村を社会の基礎にあらためて位置づけること以外にあり得ないでしょう。

有機農業はすでに七〇年余の歴史を有する在野の農業運動です。それは新たな農業のあり方を示すだけでなく、地球と人類社会のあり方に関しても自然との共生という重要な問題提起をしてきました。時代の転換が求められるいまこそ、有機農業の問いかけを社会全体が受けとめていくときです。

この有機農業選書は、有機農業についてのさまざま知見を、わかりやすく、かつ体系的に取りまとめ、社会に提示することを目的として刊行されました。本選書の積み上げのなかから、有機農業の百科全書的世界が拓かれることをめざしていきたいと考えます。